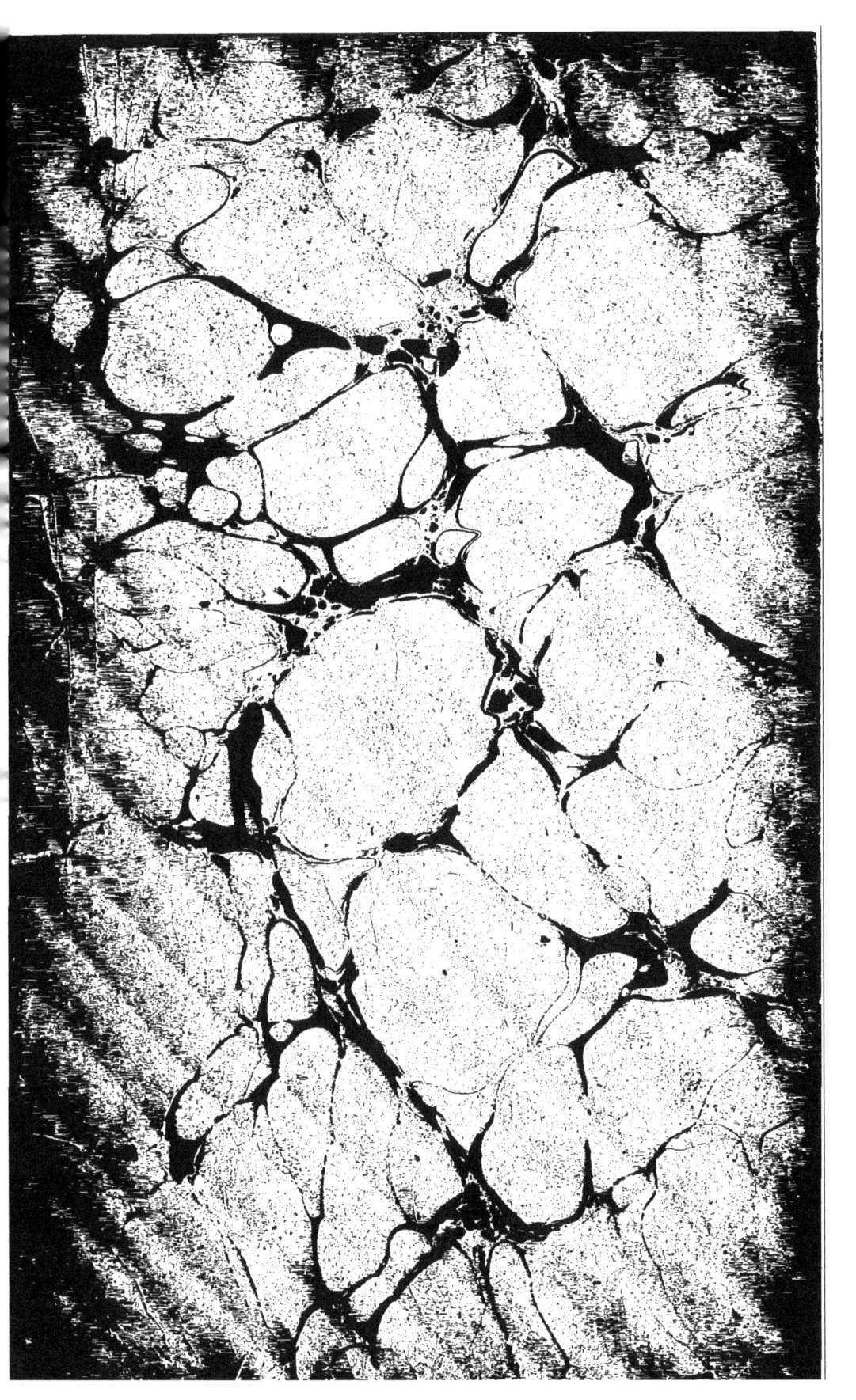

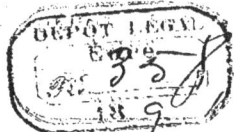

CERF
CHEVREUIL
CHIENS-COURANTS

Comte de Chabot

PARIS

FIRMIN-DIDOT ET Cⁱᵉ

56, RUE JACOB, 56

LA

CHASSE DU CHEVREUIL

ET DU CERF

TYPOGRAPHIE FIRMIN-DIDOT ET Cⁱᵉ. — MESNIL (EURE).

LA
CHASSE DU CHEVREUIL
ET DU CERF

AVEC L'HISTORIQUE
DES RACES LES PLUS CÉLÈBRES

DE

CHIENS COURANTS

PAR

LE COMTE DE CHABOT

DESSINS DES CHIENS PAR M. MAHLER

PARIS
LIBRAIRIE DE FIRMIN-DIDOT ET Cⁱᴱ
IMPRIMEURS DE L'INSTITUT, RUE JACOB, 56

1891

Ⓒ

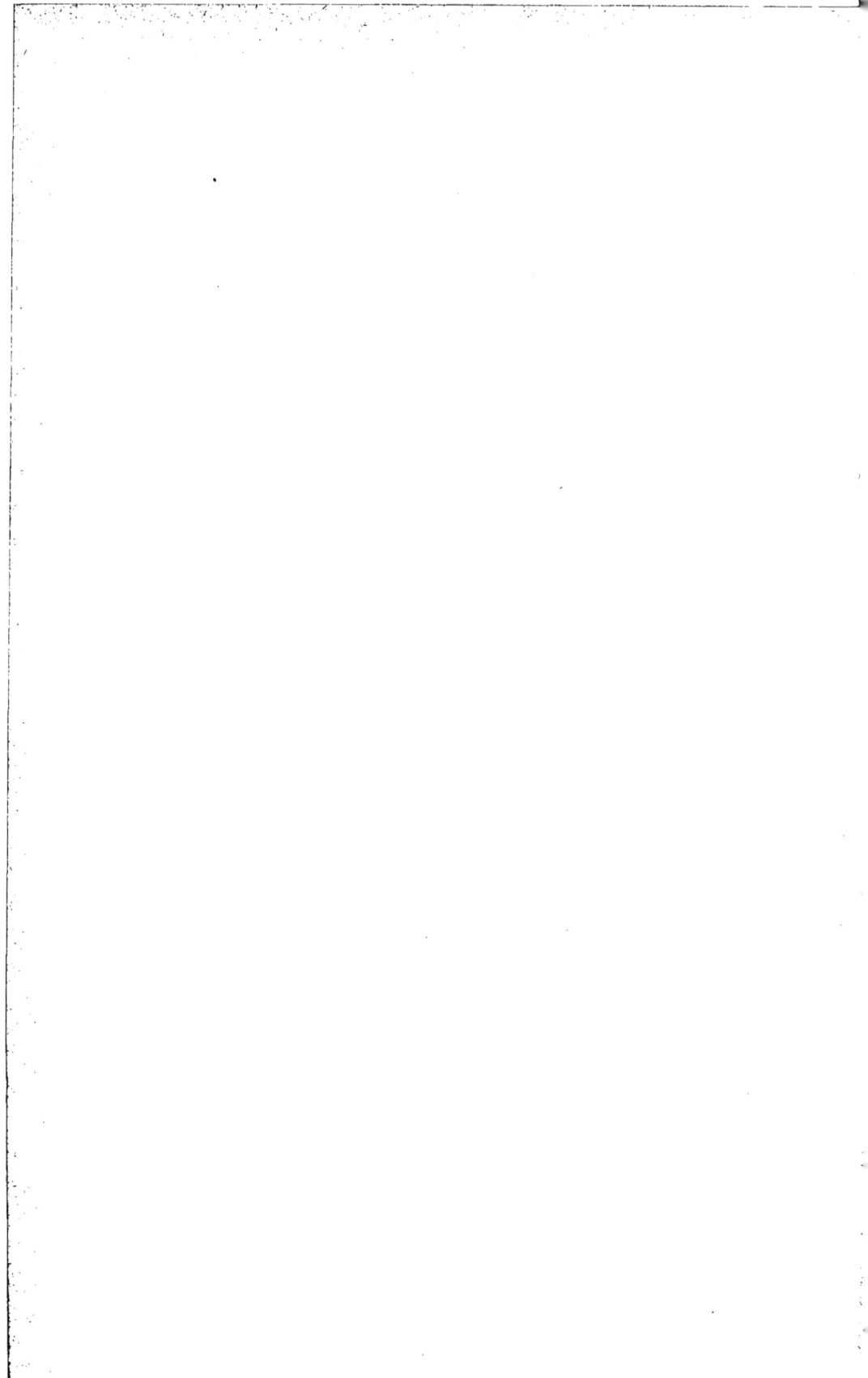

« Comment bon veneur ne peut avoir, par raison, nul des sept péchés mortels, et doit par conséquent, aller tout droit en Paradis. »

(Gaston PHŒBUS.)

A MES ENFANTS ET PETITS-ENFANTS

Je vous dédie ce livre, mes chers enfants, sachant que vous vous souviendrez des leçons et des exemples de vos ancêtres et que vous tiendrez à honneur et profit de continuer leurs saines traditions. Principalement, en ce qui concerne la vénerie, objet de ce travail, vous n'oublierez pas que, seule, une longue expérience unie à l'esprit d'observation peut faire d'un chasseur ordinaire un *vrai veneur*.

Entre tous les déduits licites, celui de la chasse tient le premier rang, pourvu toutefois que les lois de l'Église soient respectées. Usez de cet exercice avec modération. Vous fortifierez ainsi le corps, sans blesser l'âme. Pour la jeunesse, comme pour l'âge mûr, c'est à mon avis le meilleur moyen de conserver « *une âme saine dans un corps vigoureux* ».

COMTE DE CHABOT, 1891.

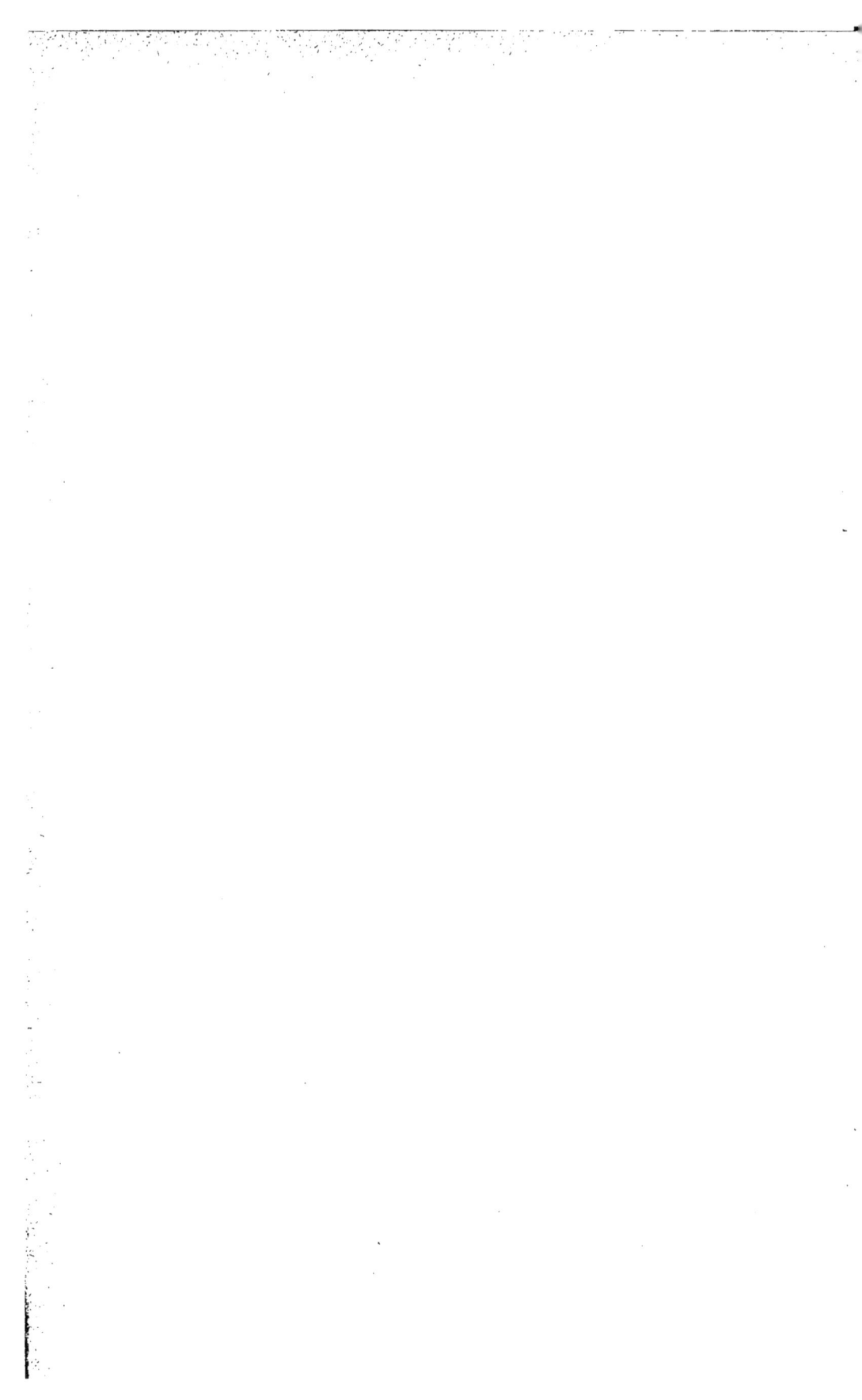

INTRODUCTION

Cédant à d'aimables sollicitations, et l'édition de mon premier essai cynégétique, *la Chasse du chevreuil* se trouvant épuisée, j'ai pensé pouvoir offrir à mes confrères en saint Hubert non pas précisément un livre nouveau ni une seconde édition, mais un travail plus étendu et certainement plus complet.

Outre des notes recueillies dans nos meilleurs auteurs sur la chasse et les chiens de nos ancêtres gaulois et francs, j'ai pensé être agréable aux veneurs de mon pays en complétant les premières descriptions de nos belles races de chiens courants disparues ou existantes encore, et aussi en ajoutant à *la Chasse du chevreuil* quelques pages sur la chasse royale du cerf. J'ai pensé également que certains détails sur les hommes et les femmes qui se sont illustrés dans le noble exercice de la vénerie française, ne seraient pas dépourvus d'intérêt. Comme actualités j'ai enfin ajouté quelques récits et anecdotes de chasse dont plusieurs datent de 1824 et de 1828. J'ai dû faire de nombreux emprunts à nos meilleurs auteurs cynégétiques anciens, modernes surtout;

et parmi ces derniers à MM. de Noirmont, Le Couteulx, de la Ferrière, de Genouillac, etc., etc.; au premier surtout, auteur d'une très savante histoire de la chasse.

Ces Messieurs voudront bien me pardonner ces larcins; je m'incline devant leur talent incontesté; et je n'hésite pas à reconnaître leur haute science, si supérieure à mes faibles connaissances.

Cte DE CHABOT.

CHASSE DU CHEVREUIL.

1

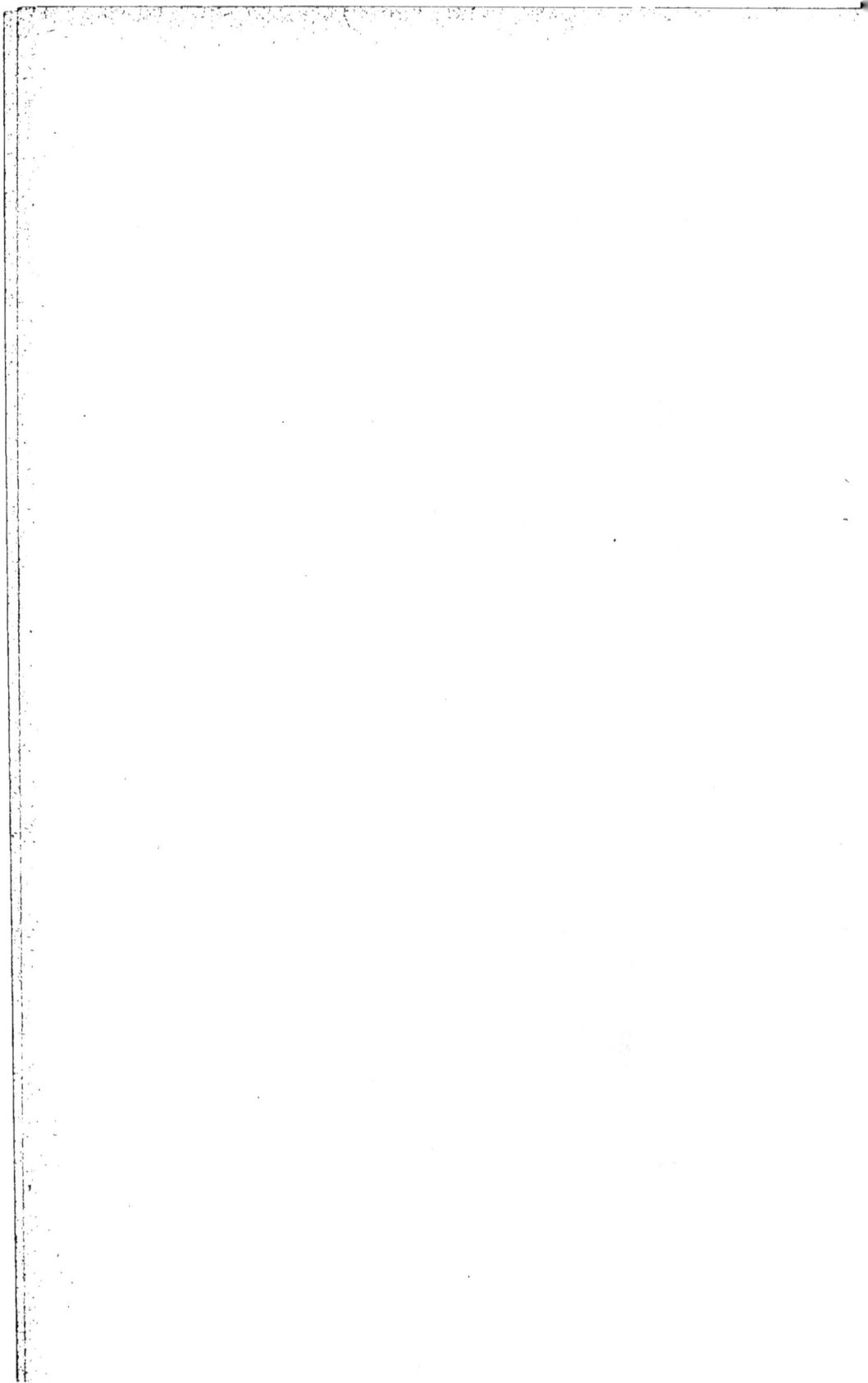

LA
CHASSE DU CHEVREUIL
ET DU CERF

LIVRE PREMIER

CHAPITRE PREMIER

APERÇU HISTORIQUE DE LA CHASSE ET DE LA VÉNERIE
EN GAULE.

Nous savons peu de chose des premiers habitants de la Gaule; cependant, comme tous les peuples anciens, ils durent se livrer à la chasse pour pourvoir à leur subsistance et aussi pour se défendre. A l'appui de cette hypothèse, nous constatons que les fouilles exécutées sur divers points de notre territoire ont fait découvrir une quantité d'ossements d'animaux sauvages, cerfs, sangliers, bisons, ours, aurochs. Ces débris attestent, par leur réunion, l'usage auquel la chair de ces animaux était employée.

Non seulement les Gaulois l'utilisaient pour leur subsistance, mais avec les os, ils fabriquaient des ustensiles de guerre et de chasse. (Troyon, *Habitations lacustres*.)

Dans ses immortels commentaires, César nous donne de très intéressants détails sur les Gaulois de son temps, déjà à demi civilisés, et sur l'aspect de leur pays.

Bien que le sol eût été en certains endroits défriché et cultivé, d'immenses forêts couvraient encore une notable partie de la Gaule.

Passionnés pour les chevaux et les chiens, et pour tous les exercices violents, nous savons par César que les Gaulois préféraient à toute autre espèce de chasse, celle aux buffles ou bœufs sauvages, précisément parce qu'elle était une des plus périlleuses : « Comme ces animaux ont une force et une agilité surprenante, ce sont ceux qu'ils aiment à attaquer; c'est ainsi que se forme la vaillante jeunesse gauloise. » César ajoute que « lorsqu'un chef gaulois venait à mourir, ses armes, ses chevaux et ses chiens de chasse étaient ordinairement livrés aux flammes sur son bûcher funéraire ».

Dans ses cynégétiques, Arrien, le premier auteur qui nous ait transmis des détails circonstanciés sur les diverses chasses pratiquées en Gaule, propose aux Grecs, ses contemporains, les peuples gaulois comme des modèles de veneurs accomplis. « Ils se livrent à la chasse, dit-il, non pour le profit, mais pour le plaisir honnête que donne cet exercice. Ils ne se servent pas de filets : l'excellence de leurs chiens les en dispense. »

La chasse au lièvre est très bien décrite par Arrien : « Le veneur gaulois envoyait de grand matin un de ses hommes reconnaître le gîte du lièvre. Lui-même venait ensuite le lancer avec ses chiens courants, après avoir disposé des laisses de lévriers sur les refuites présumées de la bête. Ces lévriers saisissaient le lièvre fuyant devant la meute, que les chasseurs suivaient à cheval. » (Noirmont.)

Outre l'ours, le cerf, le sanglier, le loup et l'aurochs, les Gaulois, nous dit Pausanias, un des contemporains d'Arrien, chassaient l'élan avec des traqueurs. Aucune espèce de chasse ne leur était donc inconnue, et si nous voulons remonter au-delà des âges historiques nous trouvons sur les bas-reliefs sculptés des tombeaux égyptiens, dans le fameux temple de Louqsor, plus de 2,000 ans avant l'ère chrétienne, la figure de chiens courants peu différents des nôtres et même celle des bassets à marques détachées et à jambes torses. Il serait en vérité puéril de nous attribuer une science cynégétique supérieure à celles des peuples qui d'abord ont vécu dans cette terre que nous habitons. Les Gaulois entre autres, ont possédé des chiens aussi bons que les nôtres et ont porté très haut la science de la chasse et même celle de la vénerie.

A l'époque de leur décadence, pendant l'occupation romaine, les chefs gaulois devenus gallo-romains se livrèrent avec la même ardeur à leur déduit favori.

L'Aquitain Paulinus se plaît dans ses vers à rappeler les jours de son enfance où ses plus grandes joies étaient de « posséder un beau cheval au brillant harnais, un chien rapide, un épervier bien dressé ». Sidoine Apollinaire, dans son panégyrique de l'empereur Avitus, nous dit : « Qui fut jamais plus prompt qu'Avitus à soumettre à la chaîne le col du molosse, à détourner dans les forêts les bêtes sauvages, en prenant pour guide l'odorat de son limier, à retrouver dans l'air les traces invisibles de leur marche ? Si l'indocile chien d'Ombrie mettait sur pied le sanglier par ses

abois, c'était un jeu pour le Héros de briser les croissants
d'ivoire de ses défenses sous son groin noirâtre, et d'en-
foncer d'un bras roidi l'épieu au large fer dans le flanc du
monstre qui faisait tête. » Plus loin, Sidoine Apollinaire
vante la science du noble Gallo-Romain Vectius à propos
de la connaissance et de l'éducation du cheval, du chien
et de l'épervier. Il raille Numantius dont la meute est trop
lente et trop clabaudeuse pour le lièvre : il lui conseille de
« renoncer à tourmenter inutilement les lièvres de l'île d'O-
léron avec ses chiens ».

Chaque année les chasseurs gaulois se réunissaient dans
un banquet pour fêter leur déesse, Arduina, « la divine
chasseresse des Ardennes. » Les chiens étaient tenus en
laisse et couronnés de fleurs. Arrien, qui mentionne le fait,
nous apprend que pour subvenir aux frais du banquet, le
chasseur mettait à part pour chaque pièce de gibier abattu :
2 oboles pour un lièvre, 1 drachme pour un renard,
4 drachmes pour un chevreuil. Un savant aussi aimable que
distingué, M. l'abbé Baudry, curé du Bernard, en Vendée, a eu la bonne fortune et l'intelligence de découvrir
une grande quantité de puits funéraires d'origine gauloise
et gallo-romaine, servant de sépulture aux chefs gaulois.
Ces derniers, craignant que les conquérants ne violassent
leurs tombeaux, plaçaient souvent leurs cendres à 10 ou
12 mètres de profondeur; creusés en forme de puits et re-
vêtus à l'intérieur d'une maçonnerie soignée, ces tombeaux
recouverts en outre d'un mètre de terre, contenaient presque tous un nombre très considérable de défenses de sangliers, de bois de cerfs parfaitement conservés, de sifflets en
os, d'ossements de loups, de chiens et de renards, le tout

mêlé à des arêtes de poissons, à des branches d'arbustes et à des poteries gauloises. J'ai eu la curiosité de visiter l'intéressant musée où M. le curé du Bernard a rassemblé ces témoins de la science cynégétique de nos vaillants ancêtres. Je puis donc en parler sciemment et *de visu*.

CHAPITRE II

✳

Après la conquête de la Gaule, les Francs continuèrent les traditions cynégétiques des peuples vaincus. Comme toutes les tribus d'origine germanique, les Francs s'adonnaient peu à l'agriculture; leur vie se passait à la chasse et à la guerre. Ce goût national des Francs ne fit que se développer quand ils eurent conquis la Gaule; nous voyons dès la fin du cinquième siècle, Clovis, le fondateur de notre glorieuse monarchie, se livrer assidûment à l'exercice de la chasse dans les forêts des environs de Paris, à Compiègne, à Villers-Coterets, et dans celles des Ardennes et des Vosges. Il fut imité en cela par les rois ses successeurs, tous passionnés pour ce noble *déduyct*.

Les vieilles chroniques nous ont conservé les noms et souvent les exploits des rois Francs de la première et de la deuxième race. Qui de nous ne connaît le tendre attachement du bon roi Dagobert pour ses vaillants chiens, la passion de Charlemagne et de ses successeurs pour les *nobles déduycts* de la grande vénerie; les récits des grandes chasses d'automne de Louis le Débonnaire, écrits par Eginhart; la fin

Princesse, lice du haut Poitou, à M. le comte de Chabot. (Page 64.)

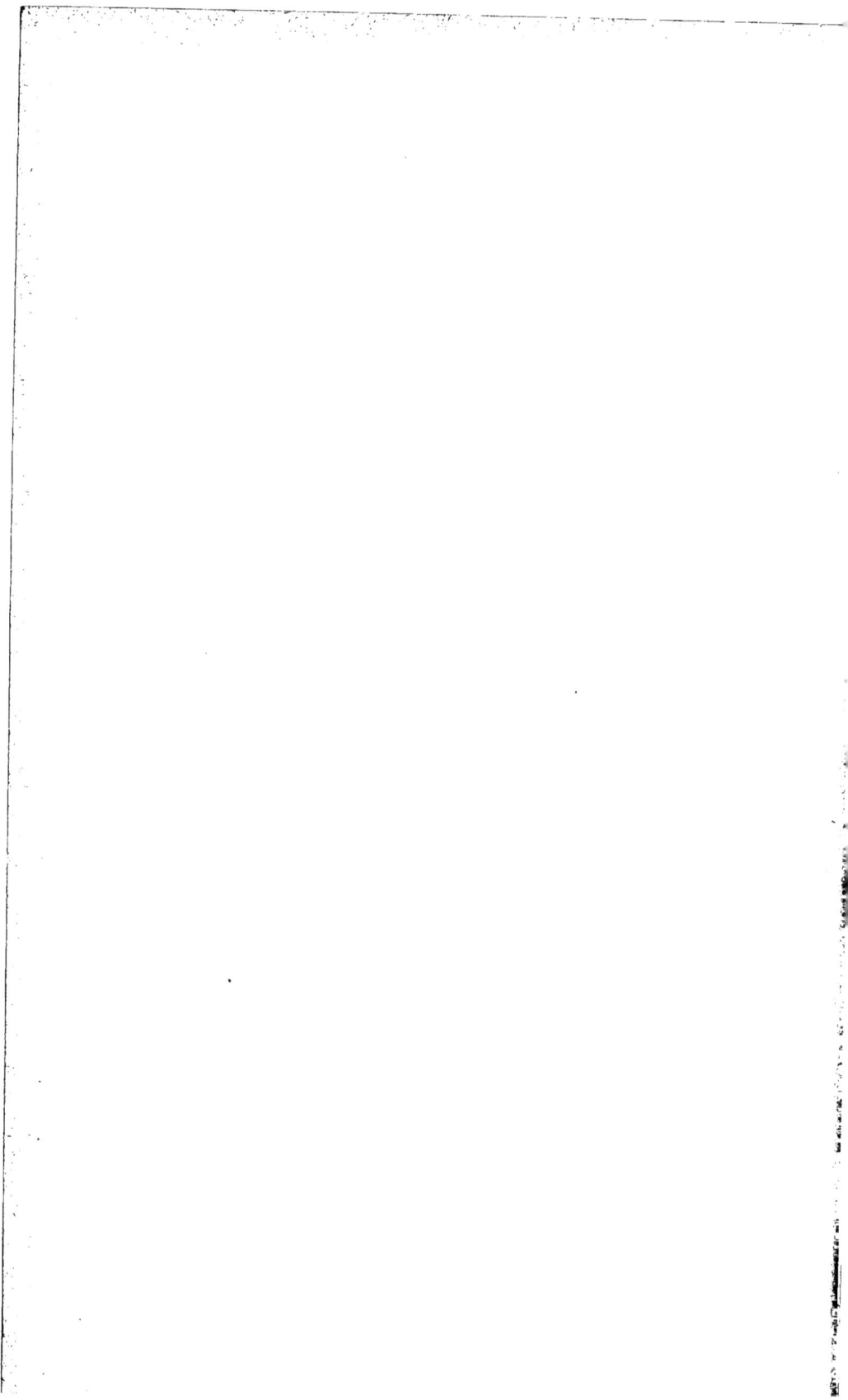

prématurée de Louis d'Outre-mer, mort à Reims d'une chute de cheval, en courant un vieux loup lancé dans les environs de la ville de Laon !

Les Capétiens ne le cèdent en rien aux rois des deux premières races.

Saint Louis, l'éternel honneur de la France et de nos rois, ramène de la croisade une meute de chiens de Tartarie, qui garderont pendant des siècles le nom du plus illustre de nos rois, « chiens gris de Saint-Louis ».

Philippe le Bel, chassant le sanglier dans la forêt de Fontainebleau, fait une chute dont il meurt (1314). Gilles de Rougeau avait été établi par lui premier louvetier de France en 1308. — Sous Charles le Bel, paraît le livre du roi Modus; la vénerie se perfectionne, sa langue se forme et s'enrichit.

Charles IV crée le sire de Gamaches grand fauconnier de France.

Louis XI, pendant son séjour au Plessis-lez-Tours, chasse dans cette belle forêt de Chinon, pleine aujourd'hui encore des souvenirs du roi. L'allée de Louis XI, le carrefour de Louis XI, la maison de Saint-Benoît où le vieux roi fut transporté mourant à la suite d'une chasse au cerf, éternisent la mémoire de ses hauts faits cynégétiques, et témoignent de son ardeur pour ce noble exercice. Louis XI a été le premier veneur de son temps; ses équipages de chasse étaient magnifiques et entretenus avec le plus grand soin. Louis XI demanda à être inhumé à Cléry, dans un tombeau de cuivre, en costume de chasseur, le cornet au côté : nous avons de lui *les Dicts du bon Souillard, qui fut au roi Louis onzième de ce nom.*

Louis XII hérite des goûts de Louis XI; il eut une vaillante

meute de chiens gris de Saint-Louis, et lui-même nous a
tracé l'histoire du fameux chien *Relais*, qui, pendant onze
ans, remplit de ses exploits les terrains de chasse du bon roi
Louis XII, surnommé le Père du peuple. François Ier bâtit
pour ses rendez-vous de chasse Fontainebleau, Saint-Germain-
en-Laye et enfin la merveille de l'architecture de la Renaissance, le château de Chambord.

Charles IX dicte à Villeroy sa chasse royale; Jacques du
Fouilloux lui dédie son célèbre traité, *la Vénerie*, ouvrage
qui fixe la science et en règle les éternels principes.

Henri IV était aussi bon veneur que grand capitaine : il
entretenait avec grand soin ces superbes *chiens blancs greffiers du roi*, enviés des souverains du monde entier. Ce fut
lui qui envoya sur sa demande à Jacques Ier, roi d'Angleterre,
avec une meute de ses excellents chiens greffiers, MM. de
Beaumont, du Moustier, et autres veneurs français pour en-
seigner de nouveau aux seigneurs anglais les vrais principes
de l'art.

Louis XIV institua une splendide vénerie composée de sept
équipages. Pendant que le roi chassait le cerf, le grand dauphin courait le vieux loup. La passion de la chasse était
alors générale; ce fut le temps des plus belles meutes de
France.

Louis XV passe à bon droit pour le premier veneur de son
temps : c'est de son règne que datent la plupart des fanfares
composées en grande partie par le marquis de Dampierre.
Sa vénerie comprenait deux meutes pour le cerf, *la grande
et la petite meute*. Plusieurs auteurs accusent ce prince d'a-
voir importé quelques chiens anglais; nous verrons plus
tard qu'il y avait bien loin de ces chiens blancs de race

royale, donnés à Jacques Ier, à ces foxhounds actuels sans voix, sans finesse, souvent sans amour de la chasse.

Sous Louis XVI, la vénerie fut diminuée de moitié; et le cataclysme de 93 noya toutes les meutes dans le sang de leurs maîtres.

Barras, membre du Directoire, se rappelant son origine de gentilhomme, eut, en France, une meute, après la chute de Robespierre.

Bonaparte, enfin, rétablit la vénerie, et, devenu plus tard Napoléon Ier, en confia la charge au prince de Neufchâtel.

La vénerie royale avant le règne de Louis-Philippe brilla encore d'un certain éclat sous la Restauration. Le duc de Bourbon, fidèle aux traditions des Condés, eut à Chantilly le premier équipage de France. En 1828, ses états de vénerie portent à 90 sur 92 attaqués, le nombre de cerfs forcés; en 1829, il prend 122 sangliers sur 124. Ce fut le dernier représentant de ces grands veneurs de race royale qui portèrent si haut en Europe le renom des chasseurs de France.

CHAPITRE III

Les peuples conquérants apprirent des Gaulois, déjà civilisés, l'art de la vénerie.

Nous avons vu les habitants de la Gaule, non contents de tuer cerfs et sangliers avec l'épieu, le glaive à courte lame, ou le javelot rapide, forcer encore le lièvre, dit Arrien, à cor et à cris, montés sur de fougueux coursiers.

Dès le sixième siècle, la reine Frédégonde possédait de grands équipages de chasse.

Charlemagne entretenait quatre grands veneurs; ses meutes se transportaient de canton en canton, suivant les saisons : ses chiens étaient, paraît-il, de la race dite *de Saint-Hubert*.

Ce fut saint Louis qui, en nommant le premier grand veneur, organisa la vénerie royale. De son règne datent les premières traces qui nous aient été conservées de cet art charmant dans lequel nos pères ont toujours excellé. Il y a longtemps qu'on a dit : « *Nil novi sub sole* », rien de nouveau sous le soleil : je crois que les Gaulois, et les Francs ensuite, ont été d'aussi bons veneurs que les plus célèbres chasseurs des temps modernes; car, pour prendre cerfs, sangliers, lièvres et loups, nos vaillants ancêtres ont dû suivre les règles qui sont encore généralement adoptées de nos jours.

Quoi qu'il en soit, et bien que cette glorieuse tradition soit perdue, nous savons que, sous saint Louis, on connaissait la manière de rembucher un cerf, l'art de mener le limier au trait, la science du pied et des fumées, le lancer, le laisser courre et la prise, plus quelques tons de chasse; six, dit M. Le Couteulx de Canteleu : « L'appel, le bien-allé, le requêté, la vue, l'appel forcé, la prise. »

J'emprunte encore à ce veneur érudit les lignes suivantes :

« Sous Charles le Bel paraît le livre du roi Modus ; on connaît le cerf par ses fumées, son frayoir, sa reposée, sa tête; on le détourne au limier; le rapport se fait à l'assemblée. La langue de la vénerie se forme et s'enrichit; cinquante couples de chiens suivent le limier du roi. Gace de la Bigne, chapelain du roi Jean, pour charmer sa captivité, compose en 1359 son roman *des Déduicts de la chasse*, où il cite les bonnes meutes de France. »

Le nombre des veneurs ayant des chiens courants dans le royaume s'élevait alors à vingt mille. Entre tous florissait Gaston, comte de Foix, surnommé Phœbus, le premier veneur de son temps : « Ses chiens sur toutes choses il aimait, « d'armes et d'amours devisait. » (Froissart.) Deux cents chevaux et seize cents chiens ravissaient les illustres chevaliers qui venaient à sa cour, au château d'Orthez. Huet de Nantes et le sire de Montmorency rivalisaient avec lui par leurs *beaux langages, belles consonnances de voix, belles manières de parler aux chiens.*

Quatorze tons de chasse étaient connus.

Le *Miroir des déduictz des bêtes sauvages* est bien supérieur au livre du *roi Modus*. Gaston Phœbus chassait surtout dans les forêts du Béarn, et c'est en venant de tuer un ours, qu'il avait pris à force de chiens, qu'il fut frappé de mort subite.

Alors le chien et le faucon accompagnent partout le chevalier, et, si l'Europe s'ébranle vers la Terre Sainte, les chiens suivent les *Croisés* qui resteront frappés d'admiration devant les six mille chiens de Bajazet.

Sous Charles IV, la vénerie du roi compte six veneurs et quatre-vingts chiens courants pour le cerf, sans compter les limiers; on chassait alors le sanglier avec des lévriers et des *cornuaux*, ces derniers issus d'un mâtin et d'une lice de race. Pour ma part, je préférerais encore ce croisement pour la prise du sanglier au chien anglais fox-hound. Les *cornuaux*, créés spécialement pour l'attaque du sanglier, devaient avoir plus d'intelligence, de voix, d'action, que le chien anglais actuel.

Jusqu'à Louis XII on ne connut guère, dans la vénerie du roi, que les chiens de Saint-Hubert et les chiens gris de Saint-Louis. Par le croisement du fameux *Souillard*, chien blanc donné à Louis XI par un pauvre gentilhomme bas-poitevin, avec une lice appartenant à Mme Anne de Bourbon, et s'appelant *Baude*, on obtint alors la belle race des *chiens blancs* ou *bauds*, dits depuis *chiens blancs greffiers* du roi. A notre Poitou appartient donc l'honneur d'avoir donné le jour à Souillard, le père de ces chiens de chasse de race royale, conservés avec tant de sollicitude et d'orgueil dans les équipages royaux, et dans nombre de meutes de gentilshommes, notamment dans le bas Poitou.

En 1561, Jacques du Fouilloux dédie son célèbre traité de

Calypso, lice de Saintonge, à M. le comte de Chabot. (Page 69.)

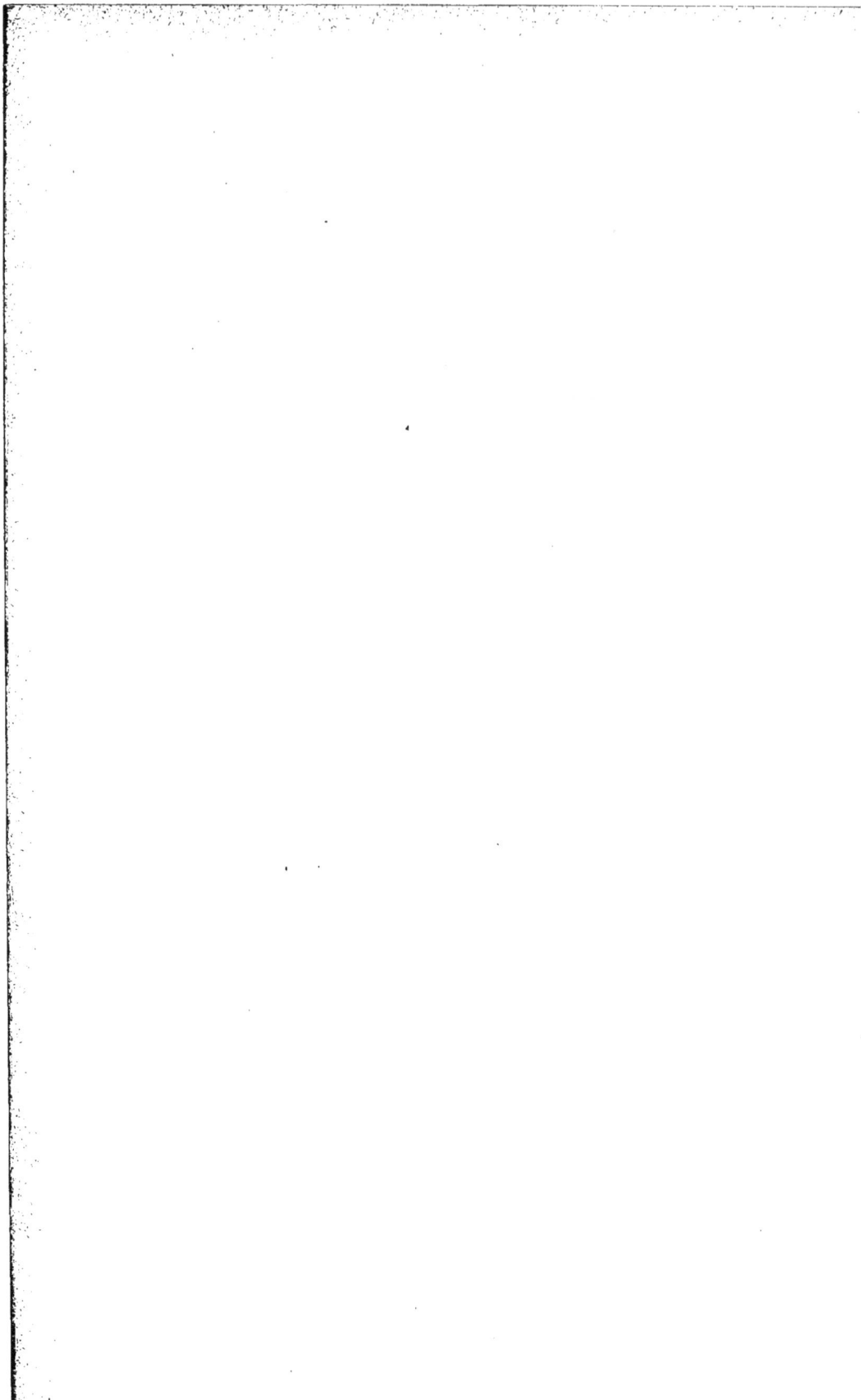

vénerie au roi Charles IX. Désormais nous avons un code presque complet; tous les principes de l'art sont correctement expliqués, dans un style naïf parfois, mais parfaitement clair. Les chiens de Saint-Hubert, les chiens gris de Saint-Louis sont à peu près abandonnés; la nouvelle race, fille de *Souillard* et de *Baude*, intelligemment suivie, est bientôt fixée; c'est-à-dire qu'elle se reproduit avec ses qualités héréditaires. Les chiens *blancs greffiers* sont dans toute leur faveur.

L'énergie de ces admirables chiens était telle que le roi Henri IV, écrivant à la marquise de Verneuil (juin 1608), lui disait : « J'ai pris hier deux cerfs. »

Sous Louis XIII, on abandonne définitivement le chien gris; le comte de Soissons eut la dernière meute de ces chiens pour le cerf. Les équipages de la vénerie royale se composaient uniquement de deux meutes : les grands chiens blancs du roi, et la meute des petits chiens blancs.

La grande vénerie comprenait alors : un grand veneur, quatre lieutenants et quatre sous-lieutenants.

La sagesse de ces équipages était remarquable : au laisser-courre, un seul valet de chiens conduisait les chiens d'attaque, et arrêtait la meute à quelques pas de la brisée; les chasseurs prenaient connaissance du pied pendant que les valets de limiers frappaient à la brisée; les chiens d'attaque attendaient découplés, derrière le cheval du piqueur, l'ordre du maître d'équipage. Ils ne ralliaient pas à la voix des chiens de lancer avant que le piqueur n'eût abaissé la baguette qui les maintenait; aussi de tels chiens, créancés de la sorte, gardaient-ils merveilleusement le change, dans les vastes forêts de France, très peuplées de grands animaux.

Le vautrait se composait uniquement de bâtards, issus de lices d'ordre et de forts mâtins.

Robert de Salnove publie, sous Louis XIII, son traité de chasse *la Vénerie royale*, ouvrage très estimé, plein de sages principes, comprenant en outre le dénombrement des forêts de France avec l'indication des lieux où l'on doit disposer les relais.

Louis XIV porta l'institution de la vénerie royale au plus haut point de splendeur. Le grand veneur, François de la Rochefoucauld, avait sous ses ordres sept équipages distincts :

1° Le grand équipage du cerf, composé de cent magnifiques chiens blancs;

2° L'équipage du chevreuil;

3° L'équipage du daim;

4° L'équipage du lièvre avec des chiens d'Écosse;

5° L'équipage du renard;

6° Un vautrait pour sanglier;

7° La grande louveterie.

Ce dernier équipage se réunissait presque toujours à la meute pour le loup du grand dauphin, comprenant cent chiens, plusieurs limiers et soixante chevaux de selle.

La vénerie du grand dauphin, restée si célèbre par ses prises de vieux loups, était montée avec un soin remarquable : six lieutenants, dont les noms méritent de passer à la postérité : M. de Bernaprez, de Boisfrant, de Villognon, de Doudeauville, de la Grandière, le chevalier d'Hendicourt, grand louvetier du roi; puis quatre piqueurs, douze valets de limiers et quatorze valets de chiens.

En 1726, neuf ans après l'avènement de Louis XV, la meute royale compte cent trente-deux chiens blancs.

En 1730, le prince de Toulouse donna au roi son équipage de chiens anglais, plus rapides, mais moins criants; cette seconde meute comprit bientôt cent vingt sujets. Ces chiens anglais, appelés alors chiens du roi et, de nos jours, chiens de la reine (Victoria), descendaient des fameux greffiers blancs donnés par Henri IV à Jacques Ier; le climat d'Angleterre les avait rendus plus gros, plus forts, plus vites, plus gourmands; les éleveurs anglais avaient dû infuser dans leurs veines un peu de sang de la vieille race de leurs chiens de cerfs, *stag-hounds*; le chien tout blanc avait fait place au chien blanc et orangé. De nos jours, il a été importé d'Angleterre, en 1832, par le général de la Rochejaquelein, toute une meute composée de chiens de cette couleur. C'étaient sans doute les descendants des célèbres greffiers d'Henri IV; depuis lors, nous en avons vu en Vendée quelques rares sujets, dits *chiens de la Reine*. L'un d'eux, *Pharaon*, devenu la propriété de M. de la Débutrie, célèbre éleveur et veneur vendéen, a été la souche d'une race excellente. Les chiens du Nord, fox-hounds, employés de nos jours dans nombre d'équipages, ne ressemblent en rien à ces chiens donnés au roi par le comte de Toulouse, et à ces types dont je viens de parler, importés récemment en France.

Le règne de Louis XV fut l'époque du remarquable chasseur normand, Le Verrier de la Conterie, un des meilleurs maîtres de l'art, auteur immortel de la *Vénerie normande*.

Ce fut aussi l'époque des grands équipages et des plus illustres veneurs de France :

En Normandie, des d'Œillançons, des Bernay, des Courcy, des Pierrepont, etc.

En Poitou, des Guerry de Beauregard, dernier président de la société de la Morelle, des la Rochejaquelein, des Béjarry, dont le plus connu fut le chevalier de la Louherie, et de bon nombre de francs compagnons et de gais veneurs.

En Limousin et en Saintonge, des Saint-Légier, des Larye, des Foudras, etc., etc.

C'est alors que Goury de Champgrand écrit son *Traité de chasse*, et enfin que d'Yauville, commandant des équipages du roi Louis XV, veneur consommé, publie son *Traité de vénerie*, dont les principes généralement adoptés sont, à bon droit, regardés comme la perfection de l'art.

Louis XVI comprend la vénerie dans ses grandes réformes ; il crut bien faire en ouvrant là, comme ailleurs, la voie aux concessions ; c'était, hélas ! le chemin de l'échafaud. Le chenil royal ne compta plus que deux meutes, une pour le cerf, et l'autre pour le chevreuil.

Le cataclysme de 93, qui a tout détruit en France, la monarchie, les mœurs, les nobles usages, les vieilles traditions, l'esprit de devoir et de sacrifice, ne respecta pas davantage la vénerie française.

La révolution dispersa et perdit nos races, guillotina nos veneurs, et c'est à peine si, dans quelques provinces, leurs rares survivants purent conserver quelques débris de nos grands équipages.

Napoléon, qui n'aimait pas la vénerie par goût, comprit que la chasse favorisait l'élevage du cheval de guerre ; qu'elle formait des hommes robustes et courageux, des cavaliers accomplis ; que le train des équipages de chasse faisait vivre nombre de familles ; aussi remit-il la vénerie en honneur. Il voulut même que ses préfets encourageassent ce noble goût. En Vendée, nous avons vu, sous le premier empire, M. Merlet entretenir une excellente meute de chiens courants.

La vénerie impériale compta trois cents chiens, quatre-vingts chevaux, et un nombreux personnel richement galonné, grassement rétribué.

Malgré tout, la vieille science cynégétique des Bourbons et des gentilshommes de France avait disparu; les chasses de l'empire étaient plutôt un luxe, une parade, qu'une école de vénerie.

Il faut savoir gré néanmoins à Napoléon d'avoir relevé cette grande institution, et d'avoir fait tout son possible pour l'encourager.

Avec la Restauration, la vénerie renaît de ses cendres. Sous M. de Girardin, ce fut un vrai ministère, remarquable par l'ordre, l'économie, la beauté du service. Le budjet le plus élevé des chasses du roi monte à 650,000 francs; sur cette somme vivaient plus de cent familles. Grâce à cet exemple donné de haut, plusieurs branches très importantes de notre production trouvèrent, dans les intrépides chasseurs qui surgirent en France à cette époque, de nombreux clients et de sérieux profits.

Le vieil uniforme du roi, illustré par tant d'hallalis, était l'habit à la française bleu galonné, boutons d'argent, gilet écarlate, culotte de velours bleu, chapeau galonné, ceinturon deux tiers or sur un tiers argent.

Le duc de Bourbon, nous l'avons dit, avait alors à Chantilly le premier équipage du monde; ses laisser-courre resteront inscrits dans le livre d'or de la *Vénerie moderne*.

Dans l'introduction au *Traité de vénerie* de Le Verrier de

la Conterie, édition de 1845, nous lisons ce qui suit : « Aux scènes brillantes de l'ancienne vénerie française qu'opposer de nos jours? Le dernier des veneurs n'est-il pas mort à Chantilly? Nous avons laissé derrière nous, en toutes choses, les croyances, les mœurs, les goûts, et peut-être, hélas! le bonheur de nos pères. Plus de vénerie, école de cette science modèle, où venaient puiser à l'envi toutes les autres nations, qui forma les Sélincourt, les d'Yauville, les Salnove et tous ces maîtres d'un art dont les règles disparaîtront peut-être à jamais avec les forêts séculaires, leur antique apanage ; plus de Saint-Hubert, qui sera rayée de nos fêtes comme son nom l'est déjà de nos calendriers, et nos neveux ne sauront plus ce qu'était la vénerie de nos pères. »

N'oublions pas que ces pages ont été écrites sous Louis-Philippe, où fut supprimée la vénerie royale.

Plus loin, cependant, l'auteur ajoute :

« Devant les nouveaux intérêts, les traditions s'effacent. Les veneurs s'en vont comme les dieux des anciens et les rois de nos pères. Seuls, les chasseurs de provinces éloignées gardent encore une étincelle du feu sacré. »

Grâce à Dieu, cette *étincelle de feu sacré* a été soigneusement entretenue par les descendants et les imitateurs de nos grands veneurs du temps jadis, *ruraux du dix-neuvième siècle*, restés au fond de leurs provinces, dédaignant la vie de Paris et l'oisiveté de ce milieu énervant. Si, dans un avenir prochain peut-être, la vénerie française doit sombrer avec le reste, ce sera, grâce à eux, tout d'une pièce, avec ses nobles traditions, ses fidèles principes et ses grands souvenirs, religieusement conservés jusqu'à nos jours.

Généraux, chien de Gascogne, à M. le baron de Ruble. (Page 77.)

4

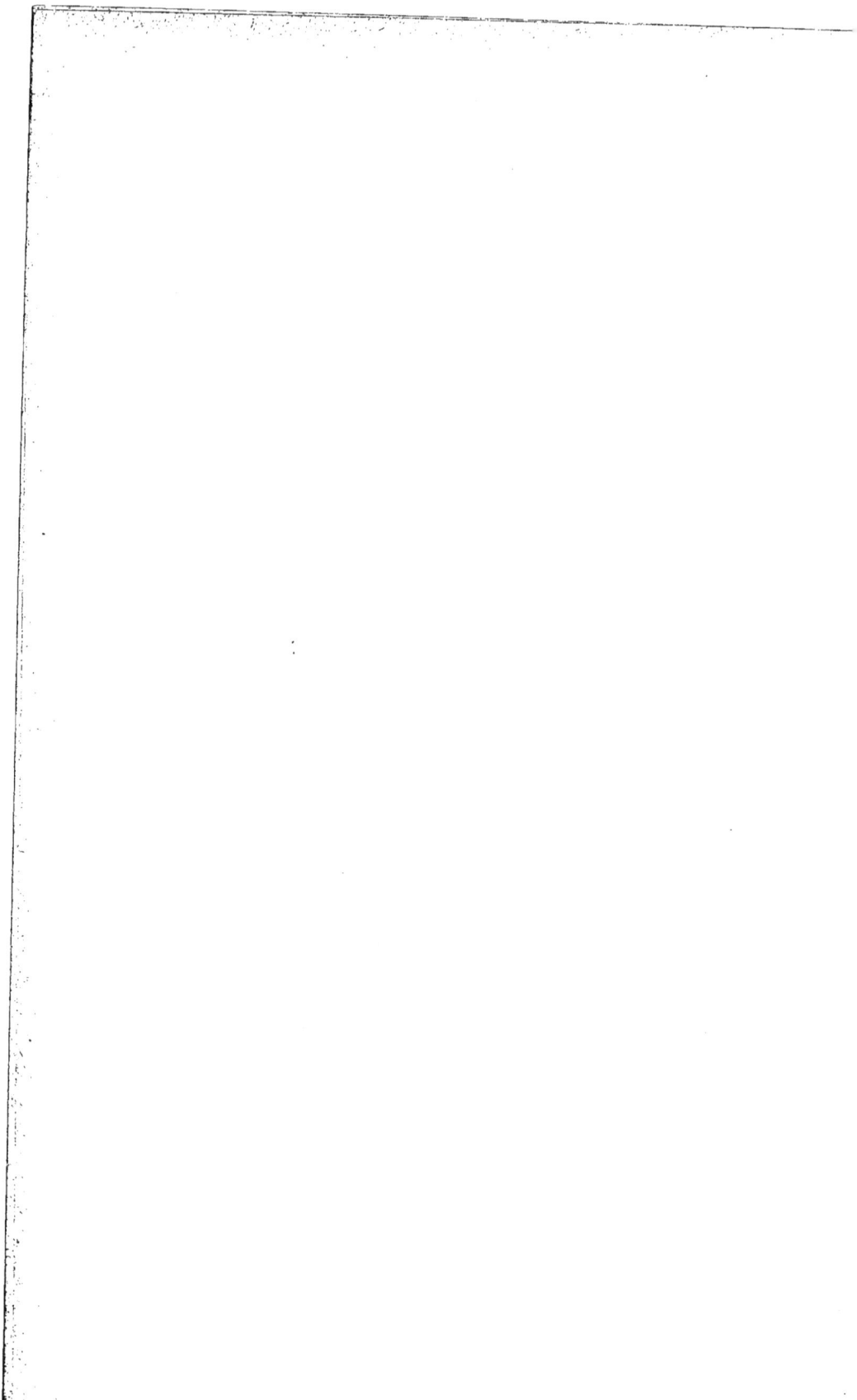

CHAPITRE IV

Ce chapitre comporterait un tel développement qu'il devrait être l'objet d'un livre très complet et très intéressant. Nous pourrions tour à tour faire passer devant les yeux de nos lecteurs les grandes dames et les grands seigneurs, les évêques et même les abbés, qui par leurs écrits ou par leurs hauts faits ont illustré la noble science de la vénerie.

Il nous suffira, en parcourant nos annales françaises, de signaler à nos lecteurs ceux qui ont le plus marqué dans nos fastes cynégétiques.

Sous les Mérovingiens, nous voyons les reines partager les plaisirs et les dangers des rois. Ultrogothe, femme de Childebert, ne craignait pas d'accompagner son mari à la chasse des buffles.

La trop célèbre Frédégonde, nous l'avons vu plus haut, entretenait de somptueux équipages.

Noirmont, à propos des habitudes des grands seigneurs de cette époque, cite quelques vers d'une charmante épître du célèbre poète aquitain Venance Fortunat, à son ami Gogon, maire du palais d'Austrasie. S'adressant aux nuées que pousse le souffle de l'Aquilon, le poète s'écrie : « Apprenez-moi quel est en ce moment le sort de mon cher Gog? N'est-il pas sur les bords du Rhin aux flots vagabonds, pour tirer de ses eaux l'épais saumon que le filet a saisi? ou plutôt ne fait-il pas résonner les forêts des Ardennes ou des Vosges du bruit de ses flèches qui donnent la mort au cerf, au chevreuil, au bouquetin, à l'ours? ou ne frappe-t-il pas le buffle robuste entre les deux cornes? »

Du reste, le goût de la chasse était partagé par tous les Francs, serfs, seigneurs et prélats.

Malgré les défenses des conciles et des rois interdisant aux évêques et aux moines de nourrir chiens et oiseaux, nous voyons les membres du haut clergé, moitié clercs et moitié guerriers, courir en temps de paix les bêtes fauves avec chiens et faucons.

Il est facile d'expliquer l'attrait que les plaisirs de la chasse offraient aux seigneurs ecclésiastiques, en songeant qu'ils avaient dû puiser ce goût dans leur éducation première et dans les habitudes des gens de leur rang.

Charlemagne se fit accompagner à la chasse par deux de ses épouses, les reines Hildegarde et Luitgarde, suivies de leurs filles et de leurs belles-filles, montées sur des chevaux rapides et parées comme des reines. Sous les Carlovingiens, les Leudes attachaient une grande importance à tout ce qui avait rapport à la chasse. Dans une charte du dixième siècle, le comte d'Autun Heccard « distribue à ses amis ses chiens, ses oiseaux, ses chevaux, ses meilleures selles, ses éperviers, son épée indienne, son meilleur épieu ».

Les évêques et les abbés ne se firent pas faute à cette époque, d'employer leurs loisirs à ce rude exercice. Guido, abbé de Saint-Waast d'Arras, excellait à tirer de l'arc, au point d'abattre des oiseaux avec des flèches. Les abbés de Saint-Denys et ceux de Saint-Omer obtinrent même de Charlemagne le droit de chasser dans les forêts qui entouraient leurs monastères pour « la consolation des Frères, et pour se procurer les peaux nécessaires tant pour confectionner à l'usage de leurs moines des gants et des ceintures, que pour se procurer des reliures pour leurs manuscrits. »

Malgré la défense du pape Eugène III, nombre de chevaliers croisés chevauchèrent en Palestine avec leurs chiens et leurs oiseaux : « On chassait partout, dit le comte de Vaublanc (t. IV), en Syrie comme en France, dans les cours plénières et dans les fêtes religieuses, entre deux batailles, entre deux offices. »

Le comte de Foix, Gaston Phœbus fut le plus célèbre des veneurs du moyen âge; son traité de chasse si complet peut encore être consulté avec fruit. Je ne dirai rien de Gaston Phœbus, son histoire est trop connue et son *Miroir* doit être entre les mains de tout veneur qui se respecte.

La *Mie* du petit roi de Bourges, la gente Agnès Sorel, était passionnée pour les chasses de sanglier et le courre du lièvre; les forêts de Loches et de Chinon ont été surtout le théâtre de ses exploits cynégétiques : une des lignes de la forêt de Chinon s'appelle encore « l'allée d'Agnès Sorel ». (Nous lisons dans les chroniques du temps que nos illustres capitaines, Bertrand Duguesclin, Olivier de Clisson, le sire de Tancarville, Jacques de Brézé et tant d'autres, furent des chasseurs intrépides.)

Jacques de Brézé, grand sénéchal de Normandie, non seulement est cité par Fontaines Guérin, dans son traité de vénerie, comme un des plus habiles chasseurs de son temps, mias il est l'auteur d'un petit poème en vers, intitulé : « *La chasse du grand Séneschal de Normandie, et des Dicts du bon chien Souillard, qui fut au roy de France onzième du nom.* »

Il devint « grand veneur » de la fille de Louis XI, Anne de Beaujeu, dont il a célébré les exploits dans des vers pleins d'une naïve admiration.

Du reste, la fille de Louis XI n'eut qu'à imiter, dans l'art de la vénerie, ses illustres devancières et contemporaines : Marie de Bretagne, duchesse d'Anjou, Valentine de Milan, Jeanne de Laval et cette charmante Marie de Bourgogne, morte à la fleur de l'âge d'une chute de cheval à la chasse. Mme de Beaujeu est restée le maître et le modèle accompli de nos vaillantes amazones; son grand veneur nous la dépeint enfourchant de fougueux coursiers, toutefois après avoir pris connaissance des traces du cerf et distribué les relais; galopant à travers bois, le cor aux lèvres, et finalement recevant les honneurs du pied au moment de la curée,

> « C'est la belle rose fleurye
> Le seul refuge et la maistresse
> Du beau mestier de vennerye. »

s'écrie le bon Jacques de Brezé.

Dans le roman de Jehan de Saintré, écrit vers la même époque, nous trouvons de curieux détails sur les mœurs monastiques du moyen âge. — Le chapelain de trois de nos rois, Gace de la Bigne, avait défendu les clercs veneurs, en citant l'opinion du grand *docteur*

« Bernard qui fut moult éloquent,

Et du *pape*

« Et le bon docteur Innocent. »

Aussi, pourquoi s'étonner de voir l'abbé de Turpenay, Damp abbé, accompagner la Dame aux belles cousines, monté sur sa mule, le faucon sur le poing! et menant *souventes fois* Madame chasser par les bois « regnards, taissans et aultres déduicts ».

Sous François Ier, il convient de citer parmi les veneurs éminents le grand connétable Anne de Montmorency; l'amiral d'Annebaut, chargé par le roi d'organiser ses équipages de chasse, et qui donna à François Ier, pour renforcer les chiens blancs ou greffiers, le célèbre *Miraud*, chien fauve de Bretagne. Louis de Brézé, fils de Jacques de Brézé, son successeur dans la charge de grand sénéchal, grand veneur du roi, mari de la belle Diane de Poitiers. N'oublions pas le veneur favori de François Ier, Pérot de Ruthie dont le portrait figure à côté de celui de son maître dans un curieux manuscrit.

Henri II, qui bâtit pour sa maîtresse le beau château d'Anet et la fit représenter en Diane chasseresse par Jean Goujon, ne put jamais la décider à le suivre à la chasse. Jalouse de la conservation de ses charmes, elle craignait que ce violent exercice, en les déflorant, n'éloignât d'elle son royal amant.

Catherine de Médicis, femme d'Henri II, fut par contre une

intrépide amazone; elle accompagnait toujours son beau-
père François Ier à la chasse. Les courtisans accusaient cette
princesse, fine et habile, de vouloir surtout pénétrer ses se-
crets; mais la suite de sa vie fit voir que cet exercice était
pour elle une passion dominante : elle avait plus de soixante
ans quand ses infirmités la privèrent, à son grand regret, du
plaisir de monter à cheval et de chasser. N'oublions pas notre
illustre veneur poitevin, du Fouilloux, dont le livre, dédié
au roi Charles IX, restera comme un modèle du genre; et
cette grande lignée des Guise, Claude, François, l'époux de
la belle Anne d'Este, chantée par le poète Ronsard, Henri le
Balafré, tous aussi grands capitaines que chasseurs intrépides.

Mentionnons enfin au nombre des grandes dames du seizième siècle, Marie de Bourbon, qui prenait des loups avec
des lévriers, et la séduisante Diane de France, fille légitimée
de Henri II, lui ressemblant de goûts et de visage et dont
Brantôme nous dit : « Je pense qu'il n'est pas possible que
jamais Dame ayt été mieux à cheval qu'elle, et de meilleure
grâce. »

Vitry, après avoir guerroyé comme ligueur contre le roi
de Navarre, devint son ami après que celui-ci eut conquis
son royaume; nommé grand vautrayeur de France, il fut
envoyé par son maître au roi Jacques Ier d'Angleterre pour
lui apprendre l'art de la vénerie. A son retour, Henri IV
envoya de nouveau en Angleterre, Beaumont et du Moustier, chargés de continuer les leçons de Vitry.

Un des plus assidus compagnons d'Henri IV fut le connétable Henri de Montmorency : le roi l'appelait son compère;
il le consultait souvent en matière de vénerie. Montmorency

Printaneau, briquet ariégeois, à M. le comte de Vezins. (Page 77.)

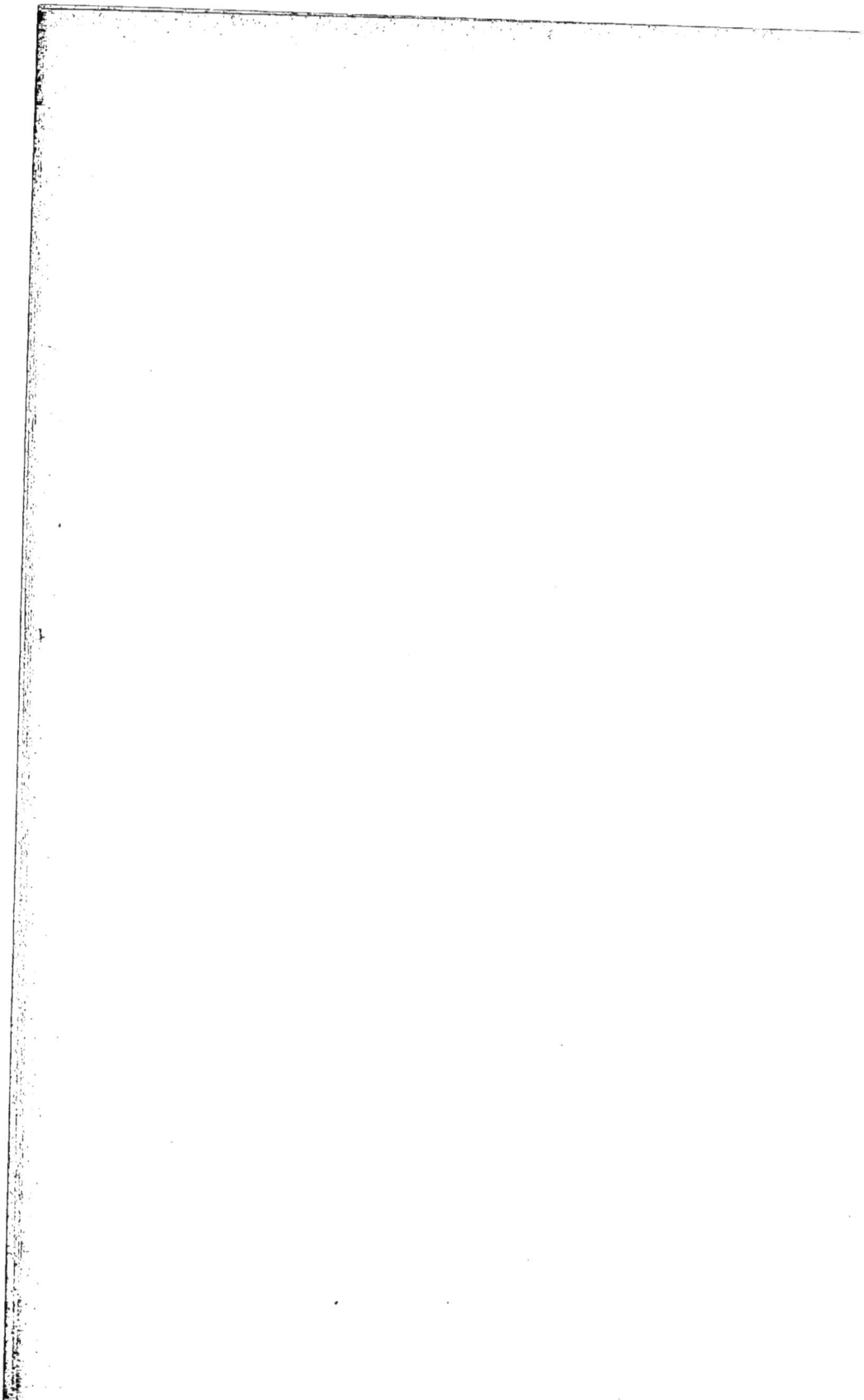

entretenait à Chantilly de splendides équipages : Henri IV
aimait à y chasser. « Mon compère, lui écrivait-il en 1607,
j'ai été dix jours à Chantilly où j'ai eu bien du plaisir. J'ai
pris trois cerfs dans vos bois, et dix dans la forêt de Ha-
lastre. »

Citons encore, le maréchal de Biron et son fils Charles,
le comte d'Auvergne qui possédait un vautrait fameux; Jean
de Harambure dit le borgne, pour lequel le roi créa la
charge de grand giboyeur dans laquelle il n'eut pas de successeur, et Dominique de Vic, capitaine du vol pour pie.

Sous Louis XIII nous trouvons toute une période d'illustres auteurs cynégétiques et d'intrépides veneurs. Maricourt, auquel nous devons un excellent traité sur la chasse
du chevreuil, Salnove et Sélincourt, dont les livres font
autorité, nous ont conservé les noms des meilleurs veneurs de leur temps, les lieutenants de venerie, Desprès,
Saint-Ravry, envoyés en Angleterre avec M. de Beaumont :
En Normandie les de Clère, de Flers, de Saint-Cère; Gamaches en Picardie, l'Isle Rouet en Poitou et nombre d'autres.
Ancien page des rois Henri IV et Louis XIII, Salnove devint lieutenant de la grande louveterie de France. Après
trente-cinq ans de pratique, il écrivit son ouvrage et le dédia
à Louis XIV. Il y réclame avec confiance les suffrages des
seigneurs qui se distinguèrent le plus dans l'art de la chasse,
comme autant de garants de ses préceptes.

« Le jugement de cet écrivain sur lui-même n'était pas
dicté par un amour-propre aveugle; il fut bientôt justifié
par la grande réputation que son ouvrage lui acquit. » Ainsi
s'exprime, dans son *École de la chasse*, Leverrier de la
Conterie.

Nous voyons à cette époque certains ecclésiastiques se livrer avec ardeur à la chasse. Qui ne connaît le curieux traité *de l'Antagonie du chien et du lièvre*, de l'abbé de Mortemer, en Normandie, Jehan du Bec-Crespin, livre plein de remarques des plus pratiques et des plus intéressantes pour le courre si fin du lièvre?

Henri de France, frère de la belle Diane de France, devenu prince évêque de Metz, entretenait à grands frais une meute renommée.

Avant de réformer la Trappe et de se réformer lui-même, l'abbé Armand le Bouthillier de Rancé, chanoine de Notre-Dame, partageait son temps entre les amusements de la Cour, la chasse et la prédication.

On raconte que Champvallon, l'ayant un jour rencontré dans la rue, lui demanda où il allait :

> « Ce matin, répondit-il, prêcher comme un ange,
> Et ce soir chasser comme un diable ».
>
> (Gourdon de Genouillac.)

Ajoutons que l'abbé de Rancé n'avait alors que vingt-cinq ans; avant de réformer les autres, il eut soin de se réformer lui-même.

Gaston d'Orléans partagea les goûts de son frère; mais seulement pour la chasse « comme aussi Monsieur, frère unique de Vostre Majesté, est grand amateur de vénerie et de tout honnête exercice ». (Épistre dédicatoire de René de Maricourt au roi Louis treizième.)

Le père du grand Condé entretenait dans la province du Berry, dont il était gouverneur, de somptueux équipages. Petit-fils du premier des princes de Condé, Louis de Bourbon tué à Jarnac et grand amateur de la chasse aux lévriers, M. le Prince inaugura cette glorieuse pléiade des Condé qui porta si haut la science de la vénerie.

Mazarin lui-même a le droit de voir son nom inscrit sur la liste des disciples de saint Hubert. En 1646 nous le trouvons aux prises avec un sanglier dans la forêt de Fontainebleau et servant bravement l'animal d'un coup d'épée. Un latiniste qui se trouvait là, en profita pour comparer l'éminence à Hercule, en donnant le premier rang au Cardinal, bien entendu. (Gourdon de Genouillac.)

Le grand Condé, malgré une vie politique et guerrière des plus agitée, aima la vénerie aussi passionnément que ses nobles ancêtres. Il offrit plusieurs chasses à Louis XIV dans son domaine de Chantilly. Mme de Sévigné dans une de ses lettres (t. Ier) raconte que le roi étant venu à Chantilly, le prince de Condé voulut lui faire voir une chasse comme on n'en avait jamais entrepris de semblable. On attaqua un cerf au clair de la lune, et, à la grande admiration des assistants on réussit à le prendre.

Après la mort du vainqueur de Rocroy, Henri de Bourbon, duc d'Enghien, son fils, eut l'honneur, en 1686, de recevoir Louis XIV à Chantilly et de lui faire courre un cerf avec sa meute anglaise. Deux ans après, Henri de Bourbon offrait au grand dauphin des chasses merveilleuses au cerf, au loup et au sanglier. *Le Mercure galant* du mois de septembre 1688 raconte que la plus extraordinaire eut lieu aux étangs de Commelles. On força à venir s'y précipiter un grand nombre de sangliers et de cerfs traqués avec des toiles et on en fit là une véritable hécatombe.

Si l'efféminé frère du roi, Monsieur, duc d'Orléans, ne pratiqua pas les mâles plaisirs de la chasse, il n'en fut pas ainsi du fils de Louis XIV, le grand dauphin : ses exploits sont trop connus pour que nous nous y attardions : peut-être en parlerons-nous plus tard et ailleurs.

Nous dirons seulement avec Noirmont, que « ses trois fils, les ducs de Bourgogne, d'Anjou et de Berry commencèrent à chasser dès leur plus tendre enfance. » « En 1694, le roi fit accommoder à Noisy une garenne forcée, où il mena tirer les trois princes, âgés alors de douze, onze et huit ans : ayant assisté à cheval à une chasse l'année suivante, il fut réglé qu'ils chasseraient à courre deux fois par semaine.

« Le duc de Bourgogne aimait la chasse avec fureur, dans sa jeunesse; il conserva cette passion pendant la durée de sa trop courte existence.

« En 1699, Monseigneur l'emmena courre le loup. Ces pénibles chasses paraissant trop violentes pour un adolescent de dix-sept ans, le Roi en parla à Monseigneur qui promit de ne plus l'y conduire si souvent.

« Le duc d'Anjou, devenu roi d'Espagne en 1700, emporta dans son pays d'adoption les goûts cynégétiques qui lui avaient été inspirés de si bonne heure. »

Il arriva au troisième fils du grand dauphin, appelé le duc de Berry, plusieurs aventures malheureuses, causées par son amour effréné pour la chasse.

« A l'âge de douze ans, il blessa à un tiré de lapins, un de ses rabatteurs. Son sous-gouverneur, M. de Rasilly, l'ayant réprimandé et lui ayant recommandé de ne pas tirer du côté des autres princes, il n'en tint aucun compte; il ne s'en fallut que de deux doigts qu'il ne tuât le duc de Bourgogne. M. de Rasilly lui arracha vivement son fusil; l'enfant, en proie à

une violente colère, appela son gouverneur « coquin, traître,
« scélérat, » et comme celui-ci disait : « Je m'en plaindrai au
« Roi, qui me fera justice. — Il vous fera couper la tête, vous
« le méritez, » riposta l'élève furibond.

« Le Roi gratifia son petit-fils de huit jours d'arrêts. Il se
blessa deux fois ; à Versailles d'abord en courant le loup ;
dans sa chute il se démit l'épaule droite ; ensuite, à Fontainebleau, en chassant un cerf, il se blessa à l'épaule et à la jambe.

« Deux ans après, en septembre 1707, dans une chasse aux
sangliers, il atteignit grièvement un des veneurs. En 1712, il
avait déjà estropié quatre ou cinq personnes auxquelles il
faisait des pensions. Toujours trop chaud à la chasse, il eut
cette même année, le malheur de crever un œil à M. le duc
en tirant un lièvre sur une mare glacée. Enfin en 1714 son
cheval s'abattit, un jour qu'il chassait avec l'électeur de
Bavière, et le pommeau de sa selle le frappa mortellement
dans la poitrine. »

Les fils légitimés de Louis XIV sont restés célèbres dans
les fastes de la vénerie. Dangeau qualifie l'équipage du duc
du Maine « du plus magnifique qu'on ait jamais vu » : son
frère le comte de Toulouse digne en tout point de la charge
de grand veneur, possédait dès l'an 1698 une meute incomparable. Tout animal lancé était pris ; souvent même le grand
roi prenait plaisir à chasser avec le comte de Toulouse et
son vaillant équipage.

Les grands seigneurs et les grands capitaines du dix-sep-
tième siècle imitèrent les princes du sang ; Sélincourt raconte
que Turenne entretenait au faubourg Saint-Antoine un équipage de chiens français fort vites, et qu'un jour il lui fit
faire une très belle chasse de lièvre près de Créteil.

En Anjou, le maréchal de Brézé nourrissait une nombreuse meute et 80 chevaux de chasse. Parmi les grands seigneurs qui, suivant les traces de leurs pères ont été d'excellents chasseurs, pendant les premières années du règne de Louis XIV, Salnove cite dans la préface de sa *Vénerie royale* le prince de Rohan-Guémené, le marquis de Saint-Hérem grand louvetier de France. Nous voyons le duc de Bouillon, grand chambellan, prendre cent cerfs dans une année avec une meute d'excellents bâtards anglais, dans ses forêts de Normandie.

Gaffet de la Briffardière dit de ce prince :

« Vous saurez que le chambellan
A couru cent cerfs en un an. »

Le grand veneur, La Rochefoucauld, devenu vieux, suivait la chasse du roi en voiture « comme un corps mort, dit le caustique Saint-Simon ». Son oncle, l'abbé de la Rochefoucauld était passionné pour la chasse ; il n'en manquait jamais l'occasion, ce qui l'avait fait surnommer l'*abbé Tayaut*.

Monseigneur de Foudras, évêque de Poitiers, entretenait à Dissais un équipage remarquable, souche des fameux chiens bleus du haut Poitou dits « de Foudras ».

Le cardinal de Bernis aimait tellement la chasse qu'il se permit de pénétrer un jour dans le Petit-Parc réservé au roi seul.

L'abbé de Pradt avait comme veneur une telle réputation, que quand, dans sa province, on entendait raconter quelque prouesse extraordinaire, chacun s'écriait : « C'est lui, » sans qu'il fût besoin de le désigner autrement. (Genouillac.)

Je ne puis résister au plaisir de citer encore trois traits

Commandeur, gascon saintongeois, à M. le comte de Vezins. (Page 71.)

racontés par M. de Genouillac dans son livre si intéressant. (*L'Église et la Chasse*, page 122).

Le fameux abbé de Voisenon passait sa vie à chasser et à mourir d'un asthme ; il vécut nonobstant jusqu'à quatre-vingt-quatre ans. Un jour, il eut une crise terrible ; on le croit mourant et on se hâte d'aller chercher le curé pour l'administrer : le malade s'étant subitement ranimé, sort par une porte dérobée pour courir à la chasse. Comme il s'acheminait, le fusil sur l'épaule, il rencontre le prêtre qui lui apportait le saint viatique en procession. Il se met à genoux en bon chrétien, sans qu'il vienne à l'idée de personne que ce soit là le moribond, laisse passer le pieux cortège et poursuit sa chasse comme si de rien n'était.

Ce fut de ce triste abbé qu'on a dit qu'il était : « Prêtre de son métier, libertin par habitude, croyant par peur ».

Arthur Dillon successivement archevêque de Toulouse et de Narbonne se rendit fameux par sa passion pour la chasse, sa générosité envers les pauvres et ses prodigalités.

N'étant encore qu'évêque d'Évreux, Louis XV au petit lever duquel il assistait, le prit à partie.

« Vous chassez beaucoup, Monsieur l'évêque ; comment interdire la chasse à vos curés, si vous passez votre vie à leur en donner l'exemple ?

— Sire, répondit-il, pour mes curés la chasse est leur défaut ; pour moi, c'est celui de mes ancêtres. »

Devenu archevêque de Narbonne Louis XVI lui dit un jour.

« Monsieur l'archevêque, on prétend que vous avez des dettes et même beaucoup.

— Sire, répondit Dillon de son ton de grand seigneur ; je

m'en informerai à mon intendant, et j'aurai l'honneur d'en rendre compte à Votre Majesté. »

Le dernier des prélats chasseurs fut le fastueux cardinal de Rohan. Devenu évêque de Strasbourg, il offrait à ses hôtes, dans ses résidences de Saverne et de Manuzic, des chasses d'une magnificence inouïe. A Strasbourg, il avait un état de souverain ; depuis le garçon de cuisine, dit l'abbé de Ravennes, jusqu'au maître de la maison on comptait sept cents lits. « Ses équipages, raconte Roquelaure étaient d'une grande beauté, et souvent il courait le lièvre et la grosse bête. »

Dans le château de Couzières, en Touraine, il avait fait construire un chenil tout en marbre, ce qui fit dire un jour à la spirituelle marquise de Contades à laquelle il faisait admirer son chenil : « Monseigneur, vos chiens sont logés comme des princes, mais vous, vous êtes logé comme un chien. »

Cette excursion sur le terrain ecclésiastique ne doit pas nous faire oublier les veneurs illustres du dix-huitième siècle.

L'arrière-petit-fils du grand Condé fit construire ces merveilles admirées du monde entier, les chenils et les écuries de Chantilly. Souvent le roi chassait dans les superbes forêts qui entourent le château des Condé ; ce fut à la suite de chasses violentes que le duc de Bourbon mourut en 1740, âgé seulement de quarante-huit ans. Son fils, Louis-Joseph, prince de Condé, et surtout son petit-fils, le duc de Bourbon, illustre veneur, dont chacun a ouï célébrer les hauts faits, marchèrent sur les traces de leurs illustres ancêtres : tous les princes de leur maison furent chasseurs et chasseurs fameux.

Parmi les grands seigneurs qui suivaient à la chasse Louis XV, leur maître en vénerie, n'oublions pas le vainqueur de Fontenoy. Sur la fin de ses jours, retiré à Chambord, don royal de Louis XV, le maréchal de Saxe entretint des équipages dignes de cette splendide demeure. A cette époque Leverrier de la Conterie brille au premier rang comme Veneur et comme écrivain : Son *École de la chasse aux chiens courants*, est le manuel classique de l'art de la vénerie ; ses préceptes font loi, et sa science pratique n'a jamais été dépassée.

Nous ne pouvons, ce nous semble, mieux clore ce chapitre qu'en rapportant les paroles que la Conterie adresse aux chasseurs : après avoir rendu hommage aux célèbres veneurs de sa Normandie, les d'Olliamson, de Flers, de Roncherolles, du Bourg, de Saint-Sauveur, de Canisy, il ajoute :

« Marchez sur les traces de ces grands maîtres ; suivez-les pas à pas, vous chasserez dans la crainte de Dieu, dans l'amour du souverain, dans le respect des lois. »

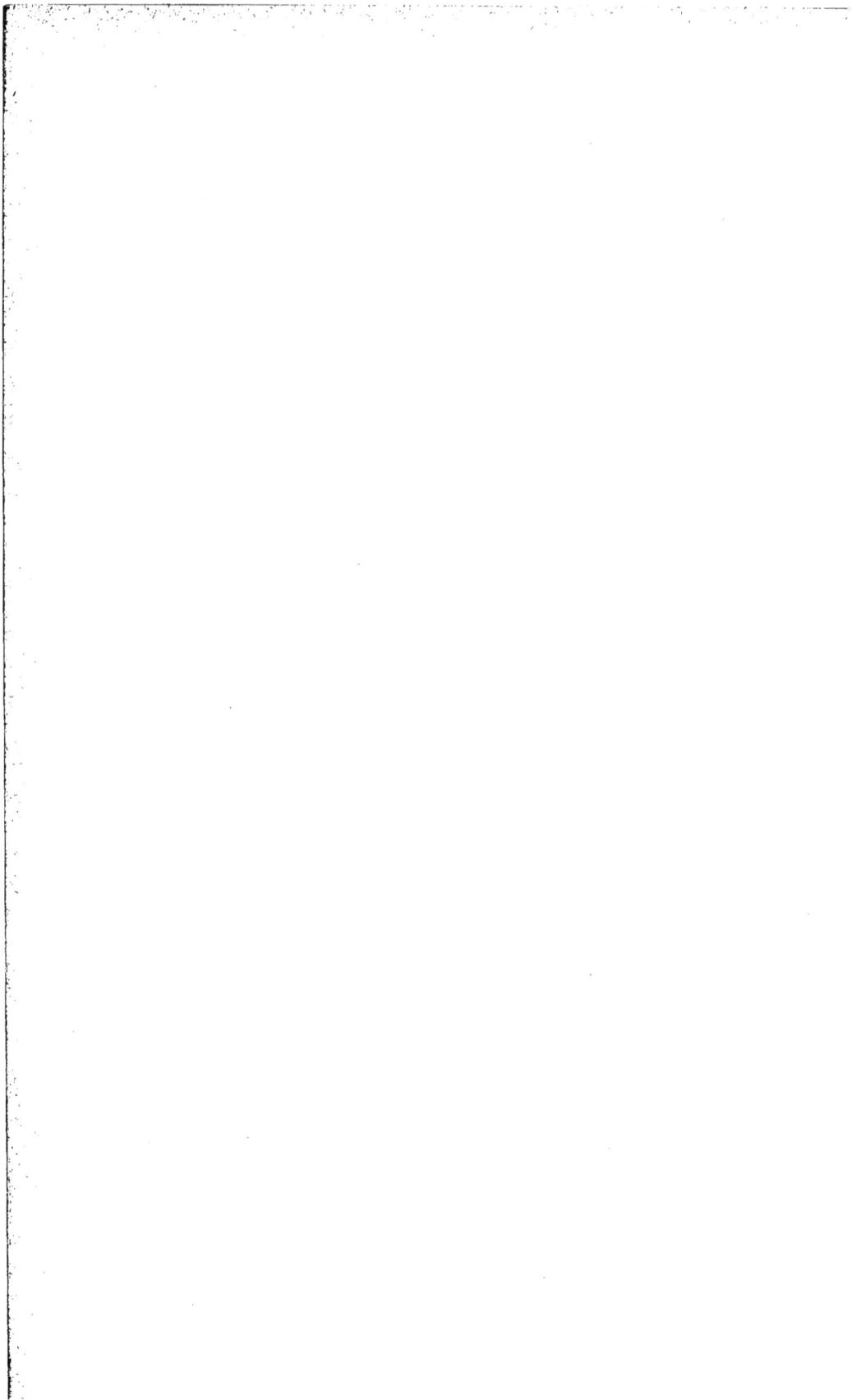

LIVRE DEUXIÈME

CHAPITRE PREMIER

DES DIVERSES ESPÈCES DE CHIENS COURANTS ET DE FORCE EMPLOYÉS
CHEZ LES GAULOIS ET CHEZ LES FRANCS.

Les immenses recherches de M. le baron de Noirmont,
dont les trois volumes doivent constituer le fonds de toute
bibliothèque cynégétique un peu sérieuse nous mettent à
même de reconstituer les espèces diverses de chiens courants
et de force employées chez les Gaulois et chez les Francs :
ce court chapitre lui est emprunté presque en entier.

Avant la conquête romaine, la Gaule transalpine se servait
de chiens soit indigènes, soit tirés à grand frais de la Belgique
et de la Grande-Bretagne. Ces derniers devaient être des
chiens de force servant non seulement à chasser l'ours et
l'aurochs; mais encore destinés à combattre à côté de leurs
maîtres.

Florus (liv. III) raconte que Bitheut, roi des Arvernes, lorsqu'il livra bataille aux Romains, fit placer sa meute à l'extrémité de sa ligne de combat; jetant un coup d'œil sur les

faibles bataillons de l'ennemi, il s'écria: « Il n'y a pas de quoi faire curée à mes chiens ». Longtemps avant la conquête romaine, les Gaulois possédaient non seulement ces chiens de force qui leur servaient à attaquer les animaux sauvages, cerfs, loups, sangliers, ours et buffles, mais encore des chiens de haut nez avec lesquels ils chassaient le lièvre à courre.

Arrien déclare n'avoir écrit son traité de chasse que pour rendre justice aux chiens gaulois, si estimés des Grecs ses contemporains : il en décrit deux espèces avec un soin particulier. Les ségusiens, originaires de la Gaule lyonnaise, assez semblables, d'après la description de l'historien grec, aux chiens actuels de la Bresse, « fins de nez, assez lents, à la mine triste, au poil rude et hérissé; très criants et hurlant d'un ton si lamentable que les Gaulois les comparaient à des mendiants implorant la charité ».

Ne sont-ce pas ces chiens qui ont été la souche de nos vieilles races françaises, au moyen de croisements répétés avec les chiens bretons, appelés agasses et dont les Gaulois faisaient si grand cas? « C'est surtout par la délicatesse de son odorat que l'agasse l'emporte sur les autres chiens; il excelle à aller en quête, et à trouver la piste des animaux qui courent sur la terre. » (Oppien, ch. 1er.)

On peut donc conclure avec assurance, que les Gaulois, avec de tels auxiliaires, chassaient à courre bien avant la conquête.

Arrien décrit en second lieu les lévriers gaulois qu'il appelle *vertragi*. De couleur bigarrée ou uniforme, de construction légère, ils prenaient les lièvres à la course après que ceux-ci avaient été lancés par les ségusiens.

« Ils courent plus vite que la pensée ou que la plume au

Frégate, lice gascon-saintongeoise; à M. le comte de Vezins. (Page 80.)

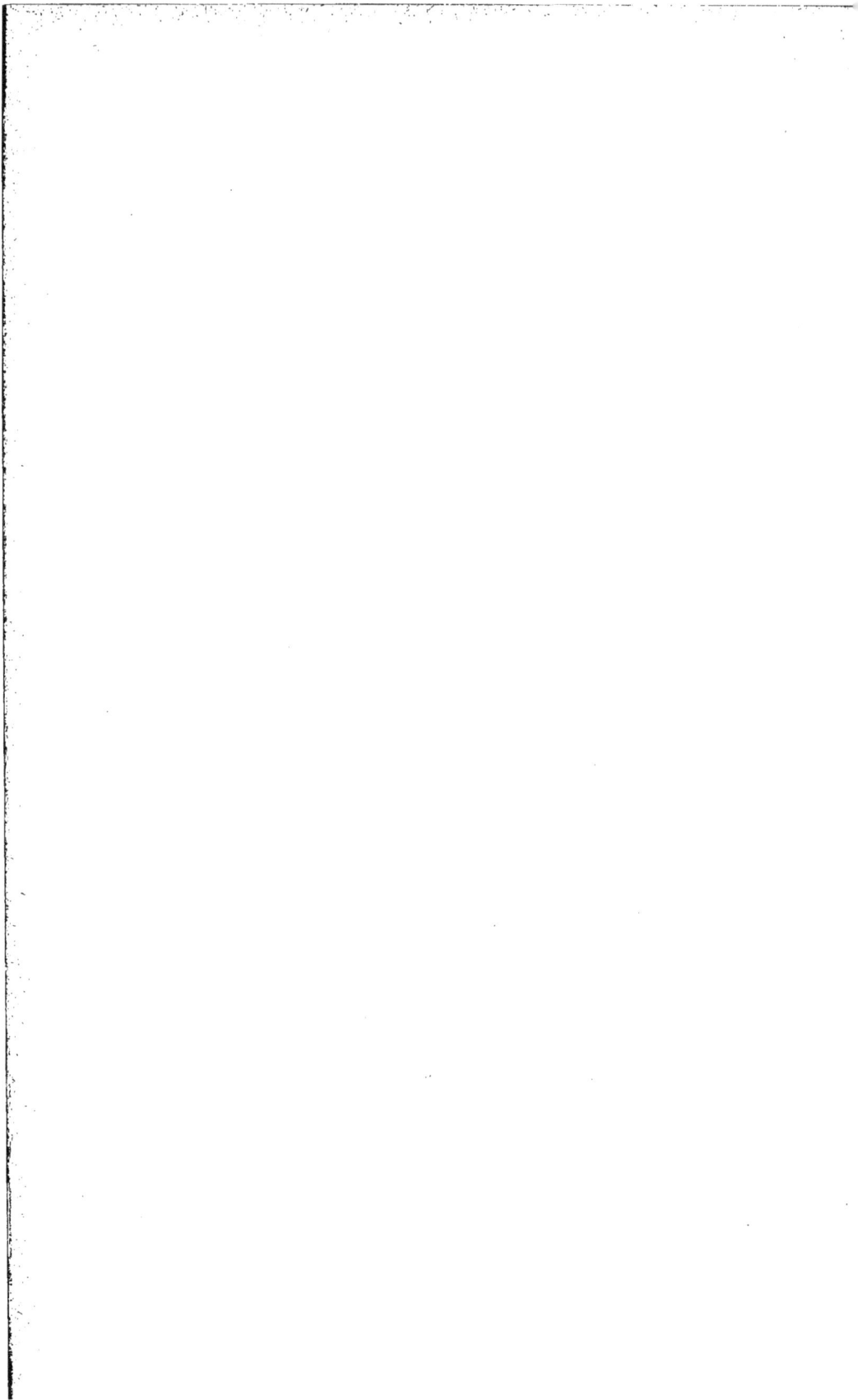

vent, mais ils ne font que saisir les bêtes déjà lancées, ne sachant pas eux-mêmes les découvrir. » (Gratius.)

Les Gaulois employaient encore les chiens courants belges, excellents limiers pour le sanglier.

« Tel un chien belge poursuit les sangliers cachés, et en débrouille adroitement les voies, le nez en terre : collant sur leurs traces un museau silencieux. » (Silius Italicus.)

Détail curieux qui nous prouve que les anciens Gaulois savaient, tout aussi bien que nous, se servir de limiers pour détourner et rembûcher les animaux de vénerie.

L'Arverne Sidoine Apollinaire décrit d'une façon plaisante la manière dont chasse la meute d'un de ses amis. « Que tes chiens redoutent d'approcher les bêtes formidables et de grande taille, passe encore ; mais comment les excuseras-tu de chasser les chevreuils et les daims prompts à la fuite, avec un courage si abattu ? Pourquoi ce poitrail si relevé, cette course lente, ces aboiements si fréquents ? »

Le rude Arverne n'aimait probablement ni la musique des chiens courants, ni les charmes de la chasse à courre !

Nous avons dit que les Gaulois tiraient de la Grande-Bretagne des chiens de chasse appelés agasses, et aussi des chiens de force et de combat. « A ce propos Némésianus raconte que l'*île isolée* fournissait des chiens très vites, aptes aux chasses du continent. » Ces derniers étaient probablement des lévriers iberniens (irlandais) animaux gigantesques dont la race renommée paraît éteinte, à moins que leurs derniers descendants importés par les Irlandais conquérants de l'Écosse, ne soient les ancêtres des *deer hounds* actuels ?

Nous ne savons pas grand chose des diverses races de

chiens employés chez les Francs depuis la conquête de la Gaule jusqu'à l'époque féodale, c'est-à-dire jusqu'au dixième siècle.

Les Francs durent amener avec eux leurs chiens de chasse; ils s'empressèrent néanmoins d'adopter les races que les Gallo-Romains, plus avancés dans la civilisation, avaient su créer et entretenir. Leurs lois mentionnent expressément les ségusii, les vertragi, les brachets, chiens courants d'un ordre inférieur qu'on employait quelquefois à poursuivre les criminels. Ne serait-ce pas cette race qui plus tard a servi à créer le chien de Saint-Hubert et son dérivé le blood-hound?

Ils se servaient encore de terriers pour la chasse du renard et du blaireau, même du castor.

Devenus chrétiens nous voyons les Francs conduire leurs chevaux de chasse et leurs chiens à la chapelle de Saint-Martin à Tours, ces derniers couplés deux à deux, comme cela se pratique encore de nos jours. Parfois ils les marquaient même au ciseau. Un capitulaire de Charlemagne (803) porte que, si quelqu'un trouve un chien tondu sur l'épaule droite, il devra le ramener au roi.

« De canibus qui in dextro armo tonsi sunt. » C'était sans doute la marque de la vénerie royale. (Noirmont, t. II.)

Un petit poème latin attribué à l'époque de Charlemagne, contient l'éloge, la généalogie et l'épitaphe d'un chien de loup fameux.

« Son père était de race noble, à manteau noir, avec les oreilles mouchetées, la tête et les extrémités blanches, de taille et de force à coiffer et à arrêter seul un sanglier. »

C'était probablement un lévrier germain; ce superbe

animal, blessé d'un coup d'andouiller, avait été confié à un paysan qui lui fit lier une louve captive.

Le métis issu de cette alliance, possédait les qualités des deux espèces, maternelle et paternelle. Il avait les reins robustes, le poitrail large; la queue courte épaisse et épiée : il était doué du plus grand courage. Son maître l'employait à pourchasser les loups qui décimaient ses troupeaux; grâce à lui il en fit un grand carnage. A sa mort il le pleura et lui fit faire cette épitaphe.

> « Te vivente lupi perierunt, te pereunte
> Vivent; armentis et nobis otia tollent! »

C'est la première fois qu'il soit fait mention, croyons-nous, du croisement entre louves et chiens. Depuis lors il n'a pas été rare de constater ce fait. Pour notre part, nous avons rencontré plusieurs portées de métis issus de louves et de mâtins. Nous en avons pris sur terre, et sous terre comme de vulgaires renards, de toutes couleurs; moins grands en général que les loups, ils étaient très vigoureux et plus précoces que les vrais loups; aussi duraient-ils plus longtemps devant les chiens que les louveteaux et les louvards de même âge.

Ces métis, à cause de leur finesse de nez, sont excessivement dangereux pour le gibier. Nous en avons connu qui dépeuplaient en peu de temps des forêts vives en chevreuils et qui étranglaient même des biches.

CHAPITRE II

I. — Races disparues ou à peu près.

§ 1. — *Chien gris de Saint-Louis.*

« Le roy Sainct Louis, estant allé à la conqueste de la Terre-Saincte, fut fait prisonnier; et comme entr'autres bonnes choses, il aymoit le plaisir de la chasse, estant sur le point de sa liberté, ayant sceu qu'il y avoit une race de chiens blancs en Tartarie qui estoit fort excellente pour la chasse du cerf, il feit tant qu'à son retour il en amena une meute en France; ceste race de chiens sont ceux qu'on appelle gris, la vieille et ancienne race de ceste couronne. »

(CHARLES IX, *Chasse royale*).

Cette race disparut sous Louis XIII, qui possédait encore un équipage de chiens gris de Saint-Louis pour le lièvre. La dernière meute pour le cerf fut celle du comte de Soissons.

Le plus célèbre des chiens gris de Saint-Louis fut, sous

Louis XII, le fameux *Relais*, qui, le jour de sa mort, à l'âge de treize ans, arriva le premier à l'hallali d'un cerf dix cors. Louis XII écrivit la biographie de ce brave chien, et Guillaume du Sable lui composa son épitaphe :

> Mon poil, qui estoit gris, tiroit fort sur le brun,
> Qui de la vieille race est le poil plus commun ;
> J'avois le dos râblé, jarrets droits, jambes souples,
> Qui plus, au laisser-courre, allois toujours sans couples, etc.

Laissons encore parler Jehan du Bec-Crespin, qui décrit ainsi les chiens de Saint-Louis :

« Je fais un grand cas des chiens rougeâtres brûlés ; ce sont chiens qui se mettent à toute heurte : ils chassent en tout temps ; ils ont ordinairement la queue grosse et le poil gros ; ils sont courageux, c'est tout feu, et semble que ces chiens le vomissent ; ils ont les yeux rouges avec cela ; croyez qu'ils sont, de leur nature, prompts, légers, ardents ; qu'ils veulent tousiours estre en exercice, s'ennuyant au chenil, ne sont jamais las ni morfondus, vrais chiens de gentilshommes qui les mettent à toute heurte, et qui chassent à toute heure : ce sont chiens qui pourchassent, qui ne craignent point les forests ny le mauvais temps ; ce sont chiens pour chasser un cerf qui fait en hiver de longues fuites. » (*Antagonie du chien et du lièvre*, Jehan du Bec, 1593.)

C'est là la physionomie du chien tel que les tapisseries du seizième siècle nous l'ont conservé.

Il existait alors deux variétés de chiens de Saint-Louis : les chiens gris sur le dos avec le reste du poil couleur de lièvre, et les gris argentés. Cette excellente race est, je crois, complètement perdue.

§ 2. — *Chiens Normands.*

Originaire de la province de Normandie, cette race a été de tout temps fort estimée et à juste titre.

De haute taille, très fin de nez, doué d'une gorge superbe et d'un fond extraordinaire, le chien normand a été très employé par la vénerie royale pour créer d'excellents limiers.

La Normandie a toujours été une terre classique de chasse. Nous avons cité quelques noms des plus célèbres veneurs du temps passé; possesseurs de cette belle race de chiens, ils forçaient, en mettant beaucoup de temps toutefois, le cerf et le lièvre, et ne craignaient même pas d'attaquer le loup.

Nous avons encore en Normandie d'excellents veneurs et de parfaits équipages : il me suffira de citer MM. de Chambray, de Vatimesnil, d'Onsembray, Le Couteulx de Canteleu (j'en oublie et des meilleurs), pour prouver que le goût de la vénerie ne s'est pas éteint dans cette riche province.

Je ne crois pas que ces messieurs chassent le cerf avec des chiens de race normande; leurs chiens ont-ils même du sang normand dans les veines? C'est ce dont je doute fort.

La vieille race normande était grande et fortement membrée, de couleur tricolore, souvent orangée, avec une tête osseuse, un nez large et carré, la face couverte de rides, la lèvre pendante; l'oreille était mince et papillotée, attachée assez bas. Comme construction, le normand était assez lourd; son rein était large, ses épaules un peu chargées; l'ensemble était cependant fort et harmonieux. Le normand était lent, mais fin de nez, collé à la voie, très bien gorgé, bon rapprocheur, mordant, très chasseur et facile à créancer, mais

Tamerlan, chien Vendéen, poil ras, à M. Baudry-d'Asson. (Page 86.)

peu intelligent. En somme, pour chasser le cerf moins d'une journée, avec les types que j'ai pu voir aux expositions de Paris, il eût fallu infuser au chien normand un peu de sang plus énergique. Quant au chevreuil, qui veut être par moments serré à fond, je crois que le normand n'eût pas été capable de le forcer habituellement.

Je ne sais s'il existe aujourd'hui quelques échantillons de pure race; je me souviens d'avoir vu à une des expositions canines de Paris, une meute de bâtards normands appartenant à M. de la Broise : les connaisseurs semblaient préférer nos bâtards haut-poitevins et de Saintonge.

J'ai vu aussi à Virelade un essai de croisement entre le chien saintongeois-gascon et la lice normande. L'essai laissait à désirer; il n'a pas été poursuivi.

§ 3. — *Chien du bas Poitou ou chien blanc du roi, improprement appelé de nos jours chien de Vendée.*

Le Poitou, le bas Poitou surtout, a été de tout temps la terre classique de la chasse. C'était du Bocage que sortaient autrefois les plus belles meutes de France. Il suffira de nommer le célèbre Souillard, père des chiens blancs greffiers du roi, pour établir le mérite de la vieille race du bas Poitou. Avant la révolution, les gentilshommes de ce pays avaient formé une réunion qui s'appelait la *Société de la Morelle*, du nom d'une vieille gentilhommière existant encore près de la Chaize-le-Vicomte.

Présidée par M. de Guerry de Beauregard, elle comptait alors dans son sein l'élite des chasseurs du pays : MM. de

la Rochejaquelein, de Lescure, Baudry d'Asson, de Maynard,
de la Bretesche, de Grignon, des Nouhes, de Chabot, de
Béjarry, de Chasteigner, de Tinguy et bien d'autres, au moment où éclata la tourmente du siècle dernier. J'ai souvent
entendu raconter au général comte de la Rochejaquelein
qu'il tenait de M. de Guerry, son beau-frère, que presque
tous leurs chiens étaient de change; d'une taille très élevée
(il y en avait qui mesuraient jusqu'à 28 pouces), de couleur
blanche, avec parfois de légères taches orangées. D'une construction élégante et légère, entreprenants, énergiques, ces
vaillants chiens étaient regardés comme les meilleurs de
France.

M. de Guerry possédait un chien fameux entre tous, le
petit Candor, ainsi appelé parce qu'il ne mesurait que 25
pouces. Il offrait de parier que son chien détournerait tout
seul, du milieu d'une harde nombreuse, le cerf dont on lui
aurait donné la voie le matin, et qu'il le prendrait de meute
à mort, *lui seul avec Candor*.

Hélas! ces braves chiens, l'orgueil de la vénerie poitevine,
ont disparu sous les ruines sanglantes de la Vendée! Qu'en
est-il resté? Le général de la Rochejaquelein nous a souvent
dit que M. de Vaugiraud avait conservé comme par miracle,
pendant la guerre de la Vendée, un chien de cette race, et
que, croisé avec des briquettes du pays, à gros poil et à poil
ras, il était devenu la souche des chiens appelés actuellement
chiens de Vendée. M. Roy de la Merlatière a longtemps possédé les plus beaux et les meilleurs croisements, devenus
depuis la souche de ces chiens dits *de Vendée*.

Depuis lors, on a croisé ces bâtards de briquets avec des
chiens blancs du haut Poitou; on a même infusé dans leurs

veines un peu de sang anglais. Un de nos habiles éleveurs vendéens, M. Baudry d'Asson, a réussi à maintenir dans ces croisements une très belle meute qui rapproche un peu par la couleur du vieux type bas-poitevin que nous avons si malheureusement perdu.

Quant au mérite de la vieille race du bas Poitou, laissons la parole à Gaffet de la Briffardière dans son *Traité de vénerie* :

« Ils sont tellement estimés en France que le roi, les princes et les seigneurs n'en ont guère que de ce poil dans leur meute. Ils chassent de meilleure grâce que les anglais (les fox-hounds sans doute), ont une menée bien plus belle et font bien plus grande diligence dans les forts et les fourrés; enfin ils gardent bien plus rigoureusement change, pourvu qu'ils soient, par exemple, bien formés et bien conduits; ils requêtent bien mieux : leur seul défaut est peut-être de s'emporter en chassant et de s'écarter plus que les anglais, parce qu'ils ont aussi plus de feu. Au reste, ils vont partout également vite et à toutes jambes; quand ils sont sur un retour, ils reviennent la queue sur le rein et requêtent avec toute l'ardeur possible pour retrouver les voies de leur cerf, et, lorsqu'ils sont sur la voie, ils crient et chassent à grand bruit. Enfin je crois ces chiens aussi sages lorsqu'ils sont formés par d'habiles gens, et peut-être plus propres à garder le change, que les anglais. J'en ai fait toute ma vie l'expérience, non seulement dans la vénerie du roi, où il n'y avait autrefois que des chiens français et *tout blancs*, mais encore dans toutes les meutes des seigneurs et princes de mon temps, et je puis assurer que, quand ces chiens sont une fois réduits, on en fait tout ce que l'on veut. J'en ai vu souvent à la chasse

garder le change presque tous ensemble; je les ai vus séparer un daguet d'avec des biches, démêler un cerf, qu'ils
avaient chassé tout au plus pendant deux heures, de quantité
d'autres cerfs dont il s'était accompagné, et, après l'avoir
démêlé, le suivre sans le perdre un instant, le pousser à bout
et le prendre. J'ai vu à Compiègne, où le change est difficile
à garder, sur soixante chiens ou environ, plus de quarante
garder le change : quoiqu'il bondît à tous moments quantité de cerfs devant eux, ils ne faisaient que tourner le nez et
passaient outre sans se tromper de voie. Malgré leur viva-
cité, j'ai pourtant vu des meutes entières toutes composées
de ces chiens blancs, et deux particulièrement, dont l'une
appartenait à M. le duc d'Elbeuf, qui gardaient le change
admirablement dans les forêts les plus abondantes en cerfs. »

On reproche aux Vendéens de nos jours de manquer de
santé et de fond, de se relayer en chassant, de bricoler parfois, de s'user assez promptement, de manquer de gorge. Ce
reproche est fondé; ces défauts s'expliquent naturellement
par le sang de *briquet* qui coule encore dans leurs veines.
M. Baudry d'Asson a intelligemment corrigé ce vice en in-
troduisant dans ses chenils des chiens du haut Poitou blancs
et orangés, et en y ajoutant un peu de sang anglais; aussi
l'avons-nous vu prendre gaiement cerfs et chevreuils, même
sans relais, résultat qu'il eût été très difficile d'obtenir avec
les chiens dits *de Vendée*.

La vieille race de la Morelle était splendide : le front large,
la tête expressive, les yeux gros et intelligents, l'oreille fine,
mince, papillotée, le poil court, le fouet effilé, la poitrine
profonde, la patte de lièvre, le rein plat et large, parfois un
peu long, qualité favorable à la vitesse, nerveux, suffisam-

ment musclé, blanc, rarement orangé, de taille superbe, tel était l'ensemble de ce magnifique animal.

Quant à ses qualités morales, aucun chien ne chassait plus brillamment, ne rapprochait plus vivement, n'avait plus d'ardeur, d'intelligence et d'habileté. Le bas Poitou était dans ce temps-là très peuplé de grands animaux, les réunions étaient nombreuses; c'était à qui amènerait au rendez-vous les plus beaux et les meilleurs chiens : cette émulation encourageait l'élevage, et l'intelligence du chasseur maintenait la race belle et pure. De notre Bocage sortaient les meutes les plus renommées; l'ancienne vénerie royale en était presque exclusivement composée.

Ces traditions se sont encore maintenues en Vendée dans quatre ou cinq équipages qui élèvent les meilleurs chiens de France peut-être, et, en tous cas, les plus aptes à la chasse du chevreuil.

Il est inutile de rappeler ici l'origine des chiens blancs du roi, leurs qualités et leur emploi dans les meutes royales : il n'est pas de veneur qui ne les connaisse.

En terminant cet article, je citerai un fait intéressant et personnel.

Je n'avais que sept ans quand, en 1832, lors du soulèvement de la Vendée en faveur de Mme la duchesse de Berry, le général de la Rochejaquelein fut obligé de s'expatrier pour sauver sa tête mise à prix par Louis-Philippe. Il venait de recevoir d'un lord anglais, dont le nom m'échappe, une meute superbe de trente chiens blancs du roi, descendants de ceux envoyés à Jacques Ier par Henri IV.

Je me rappelle qu'un grand nombre de veneurs vendéens vinrent chez mon père les admirer : le général les lui avait confiés au moment où il avait dû se réfugier en pays étranger. Le malheur voulut qu'un vilain roquet entrât un jour dans le chenil, et, moins d'un an après leur arrivée en Vendée, mon père fut obligé de faire tuer toute la meute devenue enragée. Ce fut une perte irréparable : et bien que la race actuelle de Vendée ait conservé de grandes qualités, on peut dire que c'est encore une perte irréparée.

§ 4. — *Chien du haut Poitou.*

Il est fort probable que la fameuse race du haut Poitou, dite de Foudras, du nom de son créateur, Mgr de Foudras évêque de Poitiers, était issue d'un croisement de chiens de Saintonge et de chiens bleus de Gascogne. Je me rappelle que, dans ma jeunesse, chassant le lièvre avec mes frères dans les *brandes* de Montmorillon, nous remarquâmes deux chiens très extraordinaires et qu'on nous dit être les derniers représentants de la vieille race du haut Poitou, *Koulikhan* et *Timbale*, appartenant à MM. d'Oyron. Koulikhan avait 24 pouces, et sa sœur près de 23 pouces.

La couleur de ces chiens était bleue et orangée, avec des marques de feu pâle plus ou moins larges sur le corps et sur les pattes; la poitrine manquait un peu de profondeur, mais la conformation était robuste; le corps allongé et le rein plat permettaient à ces chiens de galoper très aisément; vites dans les ajoncs, *en plaine ils manquaient de train*; la tête était carrée, l'oreille bien attachée, la patte forte et l'ensemble assez solidement établi.

La gorge de ces chiens était admirable, vibrante et pro-

Stentor, griffon vendéen, à M. le comte Le Couteulx. (Page 85.)

longée, beaucoup plus gaie que la voix des chiens de Saintonge, leur ardeur beaucoup plus grande, avec autant de
fond; leur nez, d'une finesse remarquable, leur permettait
de rapprocher, à deux heures de l'après-midi, des voies de
lièvres du matin. Rien n'était beau comme un rapprocher en
pleine brande avec ces chiens ardents, à la gorge incomparable, bondissant comme des lions par-dessus ajoncs et
bruyères.

Marius, chien du haut Poitou, appartenant à M. de la
Besge, est resté célèbre dans les fastes cynégétiques de la
Moulière; pendant plusieurs années, il a tenu la tête au
fourré et dans l'ajonc, sur tous les équipages anglais et français du Poitou.

Comme chien de récri, le chien du haut Poitou était merveilleux; actif, requérant, il chassait le loup de passion.
Leurs bâtards sont encore, dans ce charmant pays de chasse
du haut Poitou, entre les mains de chasseurs tels que MM. de
la Besge, de Maichin et autres veneurs distingués, les premiers chiens de loup du monde. Les croisements anglo-
poitevins rivalisent avec les bâtards gascons et les bâtards
de Saintonge : ils sont tenus partout en très haute et très
légitime estime.

M. de Larye, gentilhomme limousin, a été le créateur
d'une race célèbre de chiens du haut Poitou. Je ne sais si
elle ressemblait aux derniers spécimens qu'il m'a été donné
de voir, *Koulikhan* et *Timbale*; mais, d'après la description que je trouve dans l'ouvrage de M. Le Couteulx, je crois
que la race de Larye était un peu différente. Le vieux veneur fut guillotiné en 1793; mais quelques-uns de ses chiens
furent sauvés du naufrage. Ils confondirent vraisembla-

blement leur sang avec celui de la vieille race du haut Poitou, pour former les derniers représentants de cette noble et précieuse espèce, disparue, hélas! avec tant de bonnes choses !

Voici ce que dit M. Le Couteulx des chiens de Larye :

« Les chiens du Poitou, dont il existe très peu d'individus, sont habituellement tricolores. Leur taille est d'environ 23 pouces (0ᵐ,62); ils sont un peu minces, le dos complètement harpé et la poitrine profonde. Ils avaient la tête très fine, un peu busquée, l'œil vif et intelligent, l'oreille assez courte, mais extrêmement mince, soyeuse et papillotée. Leur voix était prolongée, mais très claire. La finesse de leur nez était extraordinaire, et leur fond, inépuisable. Il est avéré que M. de Larye, après avoir chassé un loup tout le jour, le rattaquait souvent le lendemain, et le relançait après un rapprocher de plusieurs lieues. Ces chiens, très collés à la voie, n'étaient pas très vites; mais, ne soufflant jamais, ils avaient encore assez de train pour prendre un louvart en décembre.

« Le chien du haut Poitou était plein de sang. Sa tête fière, sèche et nerveuse, était admirablement attachée sur une longue encolure. Son rein était long et un peu arqué; son odorat lui faisait éventer à plus d'un demi-kilomètre des voies de loup assez froides, et le rendait capable d'enlever au galop les plus vieilles erres. »

Il existait encore dans le haut Poitou une race renommée dite *race de Céris*, du nom d'un gentilhomme qui l'avait créée; ses fils l'avaient conservée jusqu'à nos jours.

J'ai encore vu, près de Poitiers, trois chiens de cette race appartenant à M. de Céris, petit-fils du célèbre veneur poitevin. Cet excellent M. de Céris n'était pas riche; il possédait encore dix chiens de la vieille race, lorsqu'il se maria; il s'était juré, paraît-il, de faire disparaître un chien chaque fois qu'il lui naîtrait un enfant. J'ai vu, hélas! le neuvième disparaître; n'ayant pas chassé depuis cette époque dans les environs de Poitiers, je ne sais ce qu'est devenu le *dernier Céris*.

Ces chiens étaient blancs et orangés, un peu plus petits que les chiens du haut Poitou, moins forts, plus élégants; le nez était plus pointu, l'oreille plus fine et encore plus papillotée, le fouet léger et bien retroussé; leur gorge était plus flûtée, mais très sonore; excellents chiens de loup et rapprocheurs remarquables, ils ne le cédaient en rien à leurs voisins de Montmorillon. Hélas! ces braves chiens ont tous disparu!

On m'a assuré cependant que le grand-père de toute la meute actuelle de M. Baudry d'Asson, *Salgor*, petit-fils ou fils d'un célèbre *Salgor* qui appartenait à MM. de Montbron, descendait de cette race. Les qualités du chien de Céris et surtout sa couleur blanche et orangée, l'ont fait choisir sans doute comme étalon par notre habile éleveur vendéen.

§ 5. — *Chiens de Saintonge.*

Nous ne connaissons guère cette vieille race, autrefois si recherchée, que par ses derniers descendants conservés avec soin jusqu'à ses dernières années par le célèbre chasseur de loups des environs de Saintes, M. de Saint-Légier.

Jaloux de la pureté du sang de ses chiens, M. de Saint-

Légier n'en donnait jamais, et n'introduisait dans ses chenils aucun sujet étranger. Erreur double qui devait amener par suite la dégénérescence complète. Ce n'est pas ainsi que les Anglais, passés maîtres dans la science de l'amélioration des races, procèdent pour créer et fixer les splendides espèces d'animaux perfectionnés qui peuplent leur pays. M. de Saint-Légier avait sous la main les éléments les plus propres à assurer la durée de la race de Saintonge : il était entouré de bons veneurs possédant des chiens bleus, dits de Foudras, sortis évidemment d'un croisement gascon-saintongeois. Il fallait aller à cette source, retremper, vivifier le sang de Saintonge appauvri par l'*in and in* répété : sur six chiens sortis de ce croisement un ou deux *au moins* se seraient rapprochés du type pur de Saintonge; gardés précieusement comme reproducteurs, et croisés encore avec un chien saintongeois de race pure, à la deuxième génération le type eût été retrouvé, le sang régénéré, et la vieille race eût été restaurée.

De nos jours, M. Joseph de Carayon-Latour, heureux possesseur des débris de la meute de M. de Saint-Légier, a eu l'excellente idée de continuer les errements de Mgr de Foudras, premier auteur du croisement des saintongeois et des gascons. Il a obtenu des chiens superbes; il a même conservé la couleur blanche et noire des chiens de Saintonge, en éliminant rigoureusement tous les chiens qui naissaient *bleus*. Grâce à son intelligence et à son esprit de suite, il est arrivé à conserver à la France une race précieuse qui se mourait d'anémie.

Le chien de Saintonge était blanc, peu couvert de noir, marqué au-dessus des yeux de deux taches de feu pâle; sa tête légère et osseuse supportait deux oreilles fines, longues, attachées très bas, très papillotées, de couleur noire, bordées sur la face externe d'un liseré de feu pâle. De la plus haute taille, le chien de Saintonge avait le cou fin et léger, sans fanon, le rein arqué, le flanc retroussé, la poitrine profonde mais un peu serrée, la cuisse plate, la patte de lièvre, la queue effilée ; on eût dit un descendant du lévrier.

Le vrai chien de Saintonge avait une gorge superbe, un peu sourde toutefois, un nez excellent ; très droit et possédant assez de train ; souvent chiche de voix ; son allure se composant d'un bon branle de galop alterné d'un trot vite et soutenu. Son fond était étonnant. Les anciens compagnons de chasse de M. de Saint-Légier en citent des exemples extraordinaires. Un vieux loup, attaqué entre Saintes et Blaye, *aurait été pris* en trois jours, dans les montagnes du Limousin. Rien n'était plus beau que de voir la meute de M. de Saint-Légier rapprochant en plein midi, sur des plaines calcaires et dénudées, des voies de vieux loups qu'elle allait lancer parfois à cinq ou six lieues du découplé.

Le saintongeois était, en outre, très apte à donner d'excellents bâtards avec la race anglaise, le staghound surtout. Depuis que ces lignes ont été écrites, j'ai eu la bonne fortune de retrouver chez un excellent veneur, M. Paul Caillard, une lice de Saintonge très remarquable.

Calypso, si justement appréciée par les connaisseurs français, anglais, allemands, m'a été gracieusement cédée par M. Caillard, quelques jours après avoir remporté la grande coupe à Francfort.

M. le marquis de Dampierre, qui, pendant toute sa jeu-

nesse, a chassé avec M. le comte de Saint-Légier, ne pouvait,
à l'Exposition de Paris, se lasser d'admirer cette superbe
lice. Il a bien voulu me dire que, dans *Calypso*, il retrou-
vait le type qu'il croyait disparu depuis plus de vingt-cinq
ans. Sa tête sèche et osseuse, ses oreilles fines, longues et
noires, ses taches de feu pâle, son encolure dégagée, ses
pattes de lièvre, son air de noblesse, sa voix profonde, rappellent parfaitement le portrait que nous avons tracé de cette
race si distinguée.

Tout l'honneur de cette véritable trouvaille revient à
M. Caillard, dont la persévérance, l'habileté, le dévouement
à tout ce qui est *sport*, sont unanimement appréciés.

Calypso sera, j'espère, la souche d'une lignée très
fashionable et précieuse à tous les titres.

§ 6. — *Chiens de Saint-Hubert.*

La race dite de Saint-Hubert, si célèbre dans les fastes de
la vénerie, comprenait deux variétés d'un même type, mais
de couleur différente, l'une blanche et l'autre noire. Dans son
remarquable *Manuel de vénerie*, le comte de Le Couteulx décrit avec soin cette vieille race à peu près disparue elle aussi
en France, avec les équipages de nos rois. La race noire
existe-t-elle encore en Angleterre, à l'état pur? Le bloodhound
qui en descend, en représente-t-il exactement le vieux type?
J'inclinerais à penser le contraire. La variété blanche, nous
dit le comte de Le Couteulx auquel j'emprunte une partie
de cette étude, a complètement disparu. Longtemps elle a

Bélisaire, bâtard anglo-gascon-saintongeois, à M. le comte de Chabot. (Page 91.)

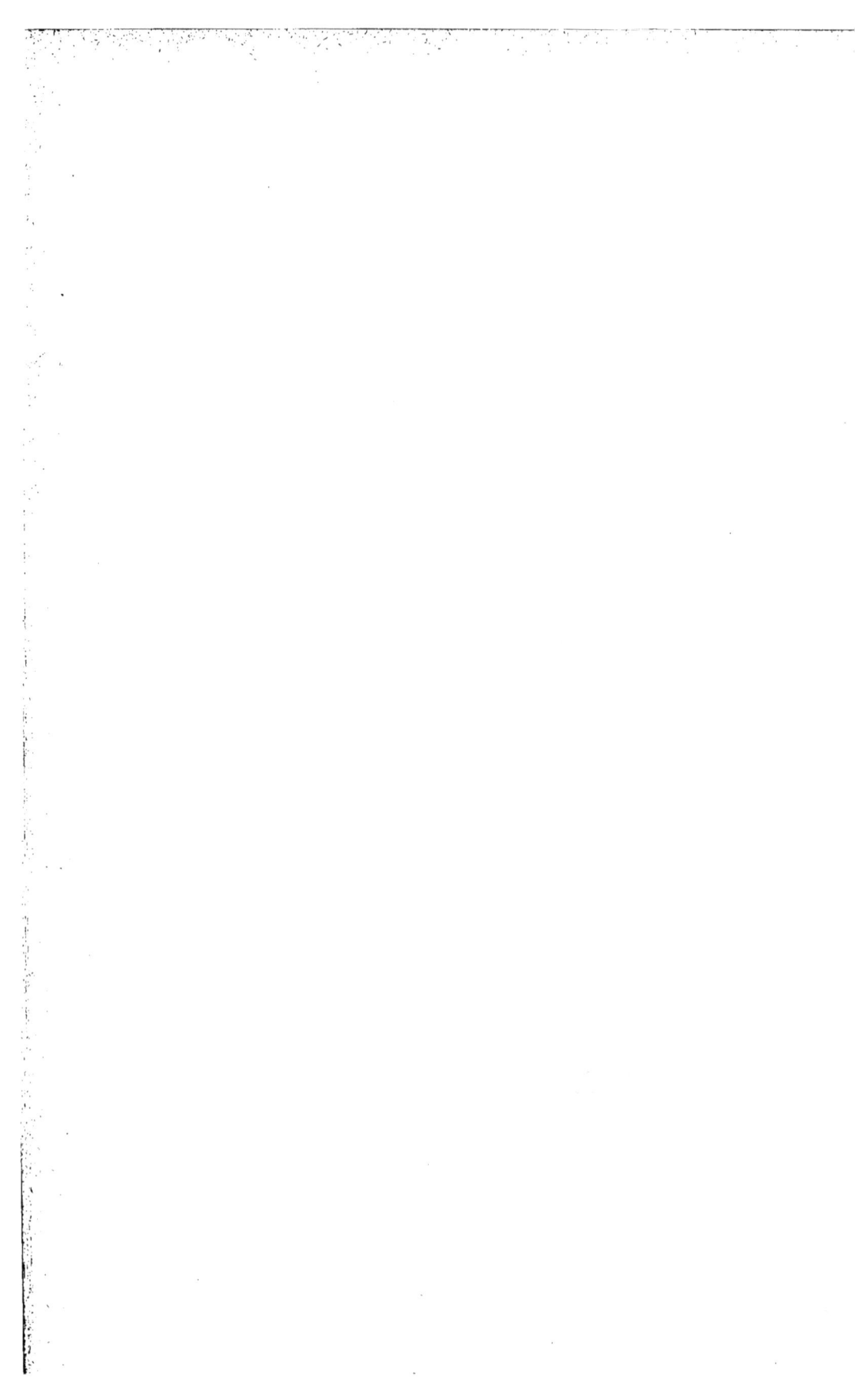

été conservée en Angleterre sous le nom de Talbot, de même que la race noire y a été conservée jusqu'à nos jours sous le nom de bloodhound.

Il est à croire que la race blanche est à peu près la même que celle des chiens blancs du roi, attendu que *Souillard* dont ils descendent est désigné dans les auteurs du temps comme un chien blanc de la race de Saint-Hubert.

Jacques du Fouilloux, dans sa *Vénerie*, décrit ainsi les chiens de Saint-Hubert dans le chapitre V « des chiens noirs anciens de l'abbaye de Saint-Hubert en Ardennes ».

« Les chiens que nous appelons de Sainct-Hubert doivent estre communément tous noirs : toutesfois on en a tant meslé leur race, qu'il en vient auiourd'huy de tous poils. Ce sont les chiens dont les Abbez de Sainct Hubert ont tousiours gardé de la race, en l'honneur et mémoire du sainct qui estoit veneur auec sainct Eustache, dont est à coniecturer que les bons Veneurs les ensuyvront en paradis auec la grâce de Dieu. Pour revenir au premier propos, ceste race de chiens a été semée par le pays de Haynault, Lorraine, Flandres, et Bourgogne. Ils sont puissants de corsage : toutesfois ils ont les iambes basses et courtes : aussi ne sont-ils pas vistes combien qu'ils soient de haut nez, chassans de forlonge, ne craignans les eaux ne les froidures, et désirent plus les bestes puantes, comme sangliers, regnards, et leurs semblables, ou autres : parce qu'ils ne se sentent pas le cueur ne la vistesse pour courir, et prendre les bestes legières. Les limiers en sortent bons, principalement pour le noir : mais pour en faire race pour courrir, ie n'en fais pas grand cas : toutesfois i'ay trouué vn livre qu'un veneur adressait à un prince de Lorraine qui aimoit fort la chasse, où il y auait vn blason qu'iceluy veneur donnoit à son limier nommé Souillard, qui estait blanc :

> « De Sainct Hubert sortit mon premier nom,
> Fils de Souillard, chien de très grand renom. »

Dont est à présumer qu'il en sort quelques vns blancs mais ils ne sont de la race des *greffiers*, que nous avons pour le iourd'huy. »

Au treizième siècle Charles IX leur reprochait, lorsque le change bondissait, de ne plus chasser, ce qui pouvait être gênant, mais ce défaut excusable prouvait leur tendance à garder le change. Charles IX qui aimait à aller très vite et à étouffer par le train l'animal qu'il attaquait, dit que ces chiens sont bons « pour ceux qui ont les gouttes, et non pour ceux qui font métier d'abréger la vie du cerf ».

On tirait de cette race d'excellents limiers, et tous les ans jusqu'en 1789, les abbés de Saint-Hubert en envoyaient six au roi.

A la fin du règne de Louis XIV, ils étaient déjà rares; il n'y en avait plus que dans quelques meutes de gentilshommes du nord de la France, qui les préféraient à tous les autres, parce que, dit La Briffardière, ils chassaient toute espèce de bêtes.

En France on n'en trouve plus à l'état pur; ceux qu'on pourrait encore rencontrer dans les Ardennes, sont tellement croisés qu'ils n'ont plus les caractères de la race. Nous dirons plus loin ce que sont les descendants les plus près de cette vieille famille, les bloodhounds anglais.

II. — Races existantes actuellement en France.

§ 1. — *Gascons et gascons-ariégeois.*

Je crois qu'il existe encore dans les environs de Tarbes, dans le Gers, chez M. le baron de Ruble et M. le marquis de Mauléon, dans les landes de Bordeaux, de Pau, et dans le Lot-et-Garonne, quelques rares descendants des chiens gascons.

C'est une vieille race perfectionnée déjà par Gaston Phœbus. Henri IV possédait un équipage de chiens de Gascogne pour le loup.

Les chiens gascons sont de haute taille, de couleur bleue, avec des taches noires; marqués de feu pâle aux yeux et aux pattes, avec une tête forte, la paupière supérieure couverte, l'œil assez caché et souvent rouge, le rein un peu plongé et long, le fanon épais; la patte est sèche et bien faite.

Doués d'une gorge au timbre grave et prolongé imitant les bourdons de nos cathédrales, ces chiens sont lents et collés à la voie.

Possédant beaucoup de fond, une grande ardeur pour la chasse et un robuste tempérament, ils sont très aptes au croisement avec le chien anglais.

M. de Ruble possédait autrefois des sujets purs de cette vieille race; en croisant ses chiens avec les débris de la meute de M. de Saint-Légier et en ne conservant que les

chiens bleus, il a en quelque sorte retrouvé et reconstitué le
type primitif, avec plus de qualités cependant, dues en
grande partie au croisement avec le sang de Saintonge. A
ce sujet, voici ce que M. le baron de Ruble veut bien m'é-
crire :

« La tête, qui autrefois était forte, est aujourd'hui dans de
bonnes formes; l'œil a suivi les mêmes modifications; il est
vif et clair; le rein est bien soutenu ; nos gascons sont de
très haut nez; ils ont toujours l'amour de la chasse, surtout
celle du loup qu'ils chassent de *prédilection*. Tout ce que vous
me dites des croisements des chiens de M. de Saint-Légier,
auteurs et souche de la race de Virelade, est parfaitement
exact; encore l'an dernier, j'ai envoyé à Virelade une très
belle lice bleue. »

M. de Ruble a renouvelé ainsi la race dite de *Foudras*,
provenant également du croisement d'une lice de Gascogne
avec un chien de Saintonge, race créée et entretenue au
commencement du dix-huitième siècle par Mgr de Foudras,
évêque de Poitiers.

Depuis plusieurs années nous avons vu aux expositions de
Paris des spécimens très réussis d'une race circonscrite dans
la région du midi de la France, la race gasconne-ariégeoise.
M. Aldebert nous a surtout montré en 1889 des chiens remarquables qu'il qualifia de briquets ariégeois.

Issus dans l'origine de croisements entre briquets ariégeois
et chiens bleus de Gascogne, ils constituent une race fixée ou
à peu près; imité en cela par M. Laval, M. Aldebert a recroisé
cette race avec des étalons de Virelade. Aussi avons-nous
retrouvé, principalement dans certaines lices, des sujets de
choix, avec de jolies têtes, des encolures dégagées de fanon,

des pattes de lièvre, des reins et une poitrine suffisants, accusant un cachet remarquable de distinction.

Il serait à souhaiter que la robe blanche mouchetée de bleu de quelques-uns de ces chiens fût étendue à toute la race; elle y gagnerait en élégance; à mon avis, rien n'est plus joli que la couleur *blue Belton :* plusieurs lices gasconnes ariégeoises ayant déjà cette livrée, il me semblerait facile de la reproduire et de supprimer leur couleur noire trop accusée. Quant à la qualité de ces chiens, on dit, et je le crois sans peine, qu'ils chassent le lièvre à la perfection; doués d'un nez exquis, ils ne craignent ni le soleil ni les guérets brûlés du Midi; leur gorge est superbe, leur menée belle; on les dit doués d'un très grand amour de la chasse, héritage du sang briquet qui coule dans leurs veines; leur train comme leur santé ne laissent rien à désirer; je crois ces chiens les plus pratiques du monde pour forcer régulièrement le lièvre.

§ 2. — *Chiens de Virelade.*

Les chiens de M. de Saint-Légier, délicats, difficiles à élever, manquaient d'activité, et péchaient surtout par le tempérament, ce qui provenait de la persistance regrettable que le comte de Saint-Légier avait mise dans ses croisements *en dedans*, n'attachant aucune importance aux fâcheuses conséquences de la consanguinité entre animaux dépourvus déjà d'énergie, de tempérament, et dont le sang altéré commençait à fortement s'appauvrir. Ces chiens avaient cependant, dans les grandes journées, malgré leur vigueur affaiblie, une persistance très remarquable à maintenir leur voie, ce qui dénotait un véritable amour de la chasse et certainement une illustre origine.

Cette belle race de Saintonge est maintenant pour ainsi dire transformée. M. de Carayon s'en est occupé tout spécialement et, avec ses débris, a créé la sous-race de Virelade, au sujet de laquelle nous ne pouvons mieux faire que de le laisser parler :

« J'ai été initié de bonne heure, dit-il, dans les principes de vénerie par le comte de Saint-Légier et le baron de Ruble. Fidèles conservateurs des anciennes traditions, ces deux veneurs ont aimé la chasse comme une science qui a ses préceptes et ses lois. Le comte de Saint-Légier possédait une race de chiens de Saintonge qu'il conserva précieusement pendant sa longue carrière; quelques représentants de cette race existent encore chez son petit-fils, le vicomte H. de Saint-Légier. Le baron de Ruble au contraire, s'était attaché à la race connue sous le nom de race de Gascogne, aussi ancienne que la première et dont il est encore aujourd'hui l'heureux possesseur. »

M. de Carayon a commencé son œuvre en 1846, et elle s'est continuée depuis sans interruption. Vingt années d'efforts aidés d'une reproduction intelligente ont créé une nouvelle variété de chiens, aujourd'hui qualifiée race de Virelade. M. de Carayon a voulu faire revivre, fortifier et fixer dans la nouvelle famille de Virelade, les mérites des chiens de Gascogne et de Saintonge. Les deux races d'ailleurs étaient très voisines.

« Elles étaient, — dit M. de Carayon, — de même taille, 23 à 25 pouces; elles avaient les qualités qui, de tout temps, ont

Mandarin.   Minos.   Chandos.

Bâtards anglo-gascons-saintongeois, à M. le comte de Chabot. (Page 93.)

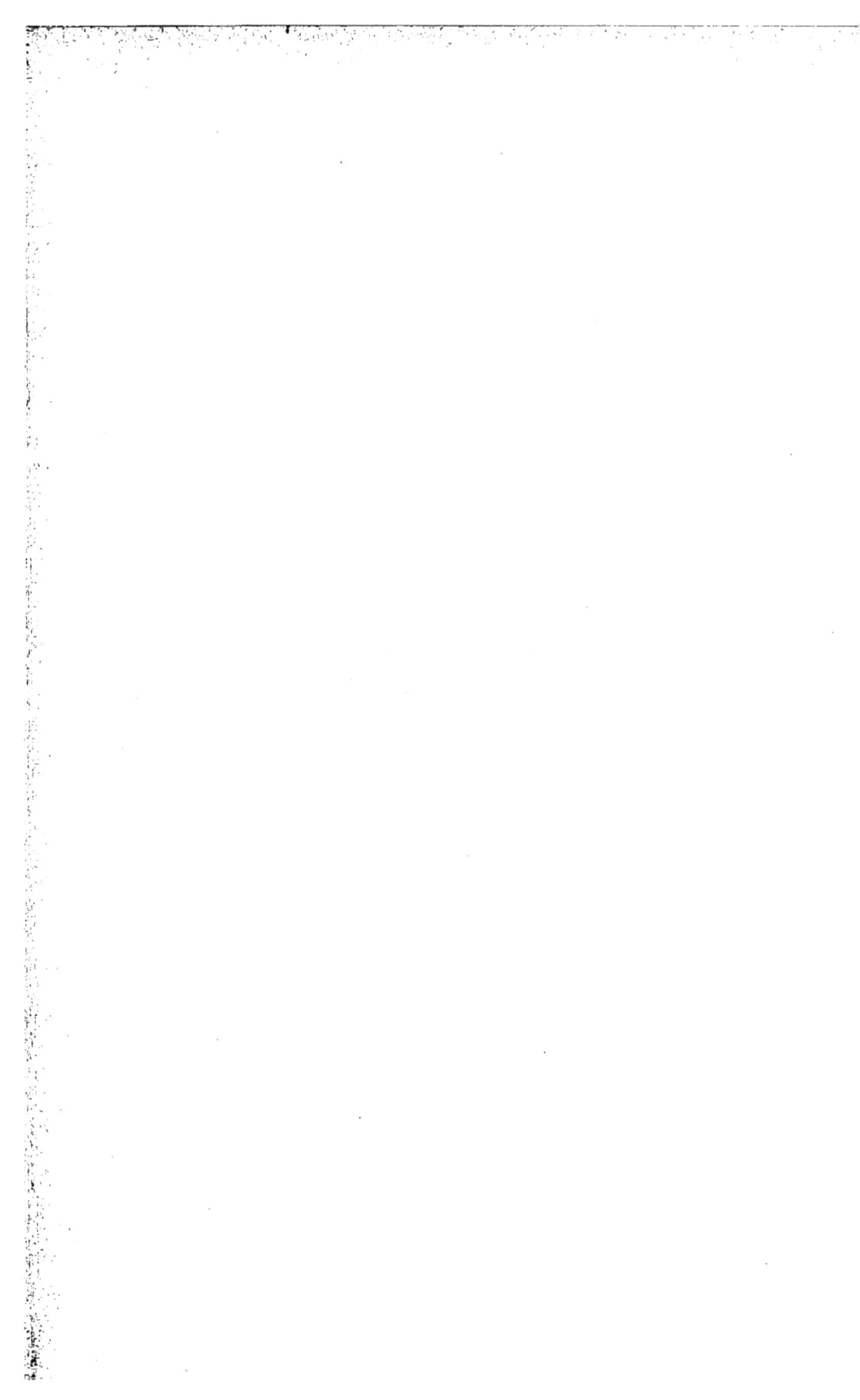

distingué les chiens français, une grande finesse de nez, une belle gorge et une menée noble et droite. Sous poil blanc marqués de noir, les chiens de Saintonge avaient la tête fine, l'oreille papillotée, le cou long et léger, la poitrine profonde, le rein harpé mais étroit, la cuisse plate, la queue basse, la patte de lièvre, sèche et nerveuse. Sous poil bleu marqués de noir, les chiens de Gascogne avaient la tête forte, l'oreille longue et papillotée, les babines un peu pendantes, le dos large et musclé, la hanche saillante, la queue fine et relevée sur le rein, les membres très forts, d'une vigoureuse santé, ardents et actifs dans les défauts, ils chassaient le loup « d'a-mitié » et le lièvre avec une rare perfection. En dehors de ces deux races, existaient, dans la Gironde, quelques indivi-dualités isolées, provenant de l'ancien équipage d'une société bordelaise dirigée par M. Desfourniel; ce véritable veneur, partisan décidé de la chasse française, avait élevé de très beaux sujets, parmi lesquels j'ai rencontré quelques types qui m'ont été très utiles. Ces espèces, — dont on ne trouve pas une description technique dans les anciens ouvrages de vénerie, — devaient avoir une même origine et provenaient, sans doute du croisement des chiens blancs et des chiens noirs, dont parle le roi Charles IX dans sa *Vénerie royale.*

« A mes débuts, je fus donc en présence des races de chiens français les plus pures et les meilleures. Ayant eu oc-casion de chasser souvent avec les plus beaux équipages du nord de la France et de juger à l'œuvre un grand nombre de meutes de chiens anglais et de bâtards, il me fut permis d'apprécier les qualités respectives de ces différentes espèces. Je n'hésitai pas à donner toute ma préférence aux chiens français. C'est à la suite d'accouplements judicieux, aidés

par une fortifiante éducation, que les chiens dont se compose
aujourd'hui mon équipage ont été obtenus.

« Par leur union ou leur mélange, le sang des chiens de
Gascogne et de Saintonge s'est revivifié; la force et la santé
ont fait alliance avec l'élégance et la légèreté. »

Les chiens de la race de Virelade; — qu'on pourrait ap-
peler maintenant la race de Saintonge perfectionnée, — ont
beaucoup de ressemblance avec leurs ancêtres, les saintongeois de M. de Saint-Légier. Ils sont très grands, ont une
tournure et une noblesse singulières; on voit que ce sont des
chiens de haut lignage. Forts et légers en même temps, ils
sont peut-être un peu trop longs et paraissent encore un peu
mous. Tous marqués de blanc et de noir, l'oreille bien
tournée et très papillotée, la tête pas trop forte, la cuisse un
peu grêle du saintongeois, la queue bien placée, ils ont
du fond, un train modéré, et sont collés à la voie.

Outre la meute de M. de Carayon, il y a maintenant en
France plusieurs équipages de cette précieuse race française,
la seule pure de tout alliage : parmi les plus connus, nous
citerons M. le baron de Ruble dont les chiens gascons sont
devenus par leur alliance avec les saintongeois de M. de
Saint-Légier les ancêtres des chiens de Virelade; MM. de La-
prade, le comte Levezou de Vezins, de Mauléon, etc...

§ 3. — *Race dite de Vendée.*

J'ai indiqué plus haut la souche primitive du chien appelé
communément *chien de Vendée*. Issu d'un chien blanc, dernier descendant de la race du bas Poitou, et de fortes bri-

quettes à poil ras et à poil dur, le vendéen était un chien de lièvre admirable; c'était même sa spécialité.

Les colonnes infernales avaient détruit tous les fauves de nos forêts; par conséquent, le chien de race était devenu à peu près inutile; les gentilshommes, ruinés par la vente inique de leurs biens, se contentèrent, au retour de l'émigration, de *fouetter leur lièvre*.

Le chien de Vendée, gai, intelligent, entreprenant, actif, très travailleur, convenait admirablement au pays et au caractère des Vendéens.

Plus tard, quand les grands fauves reparurent dans nos forêts d'Anjou et dans le haut Poitou, on voulut obtenir une race plus résistante, avec plus de fond et de santé, prenant de meute à mort et sans relais *cerfs et chevreuils*. Ce fut pour cela que l'on créa les bâtards anglais avec les lices du haut Poitou et de Saintonge et le chien anglais *foxhound* ou *staghound*.

M. Armand Baudry d'Asson a entrepris de conserver la race de Vendée en lui donnant de la santé et de la tenue, tout en maintenant la couleur primitive blanche et orangée. La race Céris convenait parfaitement pour opérer cette transformation. Aussi avons-nous vu son père, M. Léon Baudry d'Asson, emprunter à M. de Maichin un étalon blanc et orangé pour une de ses plus belles lices vendéennes. Ceci se passait en Anjou à l'une des réunions de la forêt de Vezins, où les chasseurs du haut Poitou étaient venus mesurer leurs chiens avec les chiens de Vendée. Plus tard les lices issues du chien de M. Maichin furent croisées avec un chien du haut Poitou appartenant à un chasseur de Saint-Gervais, M. du Martray.

Telle est l'origine des chiens dont hérita plus tard M. Armand Baudry d'Asson.

D'un caractère ardent, entreprenant, fougueux à la chasse, il voulut avoir des chiens vites, portant la tête sur les bâtards anglais. Il emprunta au chenil de M. de Tinguy de Nesmy un *fils de Relais*, excellent bâtard anglo-poitevin, provenant du chenil renommé de la Débutrie, et à l'équipage de mon beau-frère M. de Tinguy de Beaupuy : 1° *Vol-au-Vent*, fils de *Volante*, chienne bâtarde du haut Poitou ayant un quart de sang anglais, et de *Vol-au-Vent*, chien anglais de pur sang, blanc et orangé, appartenant à M. de Lareinty ; 2° deux fils de *Ténor* et de *Victoria*, l'un à poil ras, *Volant*; l'autre à gros poil, *Ténor*. Or, *Ténor*, le père de ces deux chiens, était issu de *Roulette*, lice anglo-poitevine, et de *Vol-au-Vent*, chien de pur sang anglais ; et *Victoria*, la mère de ces deux chiens, était fille de *Policeman*, chien gris de pur sang anglais, à M. de Lareinty. Ces deux frères, *Ténor* et *Volant*, devinrent les pères de la plus grande partie des chiens de M. Baudry d'Asson. Plus tard, il fut fait encore d'autres emprunts à la meute de M. de Tinguy de Beaupuy.

Dernièrement deux de mes meilleurs chiens, *Tamerlan* et *Mousquetaire*, bâtards anglo-poitevins-saintongeois, furent les pères de plusieurs chiens remarquables de la même meute. Enfin, nous avons tous connu l'étalon *Salgor*, chien de la race Céris, acheté à MM. de Montbron ; ce chien du haut Poitou avait peu ou point de sang anglais. Avec ces lices d'un sang déjà si troublé, *Salgor* a parfaitement tracé ; on peut dire que la meute n'est aujourd'hui composée en grande partie que des descendants directs de *Salgor* et de *Tamerlan*.

Tout chien qui naît marqué de noir ou de gris est impi-

toyablement sacrifié, et avec raison; l'ensemble et la beauté
de la meute dépendent en grande partie de la couleur uniformément blanche et orangée.

Avant de terminer ce chapitre, j'emprunterai aux auteurs
du *Traité des chasses à courre et à tir* le passage suivant,
qui a trait à la manière de chasser des anciens chiens de Vendée :

« Les chiens vendéens ont une manière particulière de
chasser; ils ne font jamais que ce qu'ils peuvent; d'où il ré-
sulte que, s'ils mettent bas promptement, ils savent reprendre aussi promptement haleine, tant sont grandes chez eux
les aptitudes pour la chasse. Au début de la chasse, vos
chiens vont à merveille, avec vigueur même; après une heure
de belle menée, un quart de la meute aura lâché pied; s'il
fait chaud, ils chercheront de l'eau, sembleront se reposer
en suivant les routes. Que la chasse fasse un retour, vous les
verrez bien vite ralliés, et chasser de nouveau comme un relais frais. Tous ou à peu près feront la même manœuvre,
mais la chasse n'ira pas moins son train, et, comme votre
cerf n'aura pas un instant de repos, vous ne manquerez pas
de sonner l'hallali. »

Si, dans l'historique impartial de nos races de chiens, j'ai
dû sonder les documents les moins connus, pour ne pas faire
injure à la vérité, mon excellent ami, M. Baudry d'Asson,
me permettra de rendre ici à son talent et à sa science un
hommage très mérité.

Ce n'est assurément pas un petit mérite que d'avoir créé
une *sous-race* qui se maintient homogène, qui chasse bien,
qui prend des chevreuils et dont l'ensemble et le coup d'œil
sont très corrects. Les Anglais, nos maîtres en élevage rai-

sonné, n'ont pas agi autrement. Les Collin's et les Backwell's seront toujours cités comme des hommes remarquables. Continuons donc à suivre les règles tracées par nos maîtres, les célèbres créateurs des races anglaises perfectionnées : ce sera la meilleure manière de réussir et d'éviter les déceptions.

M. Baudry d'Asson, s'inspirant de ces principes, a compris qu'il était indispensable d'infuser de temps en temps dans les veines de ses chiens quelques gouttes d'un sang étranger à sa race : c'est du reste, pour un veneur intelligent, le seul moyen de maintenir dans ses chenils la santé, les qualités essentielles, la force de reproduction.

§ 4. — *Bâtards anglais.*

Nous diviserons en quatre familles principales les croisements anglo-français : 1° anglo-vendéens, 2° anglo-gascons-saintongeois, 3° anglo-poitevins, 4° anglo-normands.

1° ANGLO-VENDÉENS.

Le croisement de la lice vendéenne et de l'étalon anglais a rarement réussi; les produits étaient vites, légers, ardents, très entreprenants, mais généralement manquaient de voix et de nez. Or, en Vendée, nous tenons avant tout à la belle gorge de nos chiens : sans musique, pas d'entrain, pas de gaieté, autant vaut le foxhunting anglais.

Bâtarde du haut Poitou, de l'équipage Dupuytren. (Page 61.)

MM. Chevallereau et Clémenceau, de Sainte-Hermine, ont eu cependant un étalon anglais, *Grefton*, qui a tracé admirablement avec des lices de Vendée. Les fils de Grefton ont été célèbres; presque tous ont été des chiens parfaits, *très viles, très sûrs* de change. MM. de Danne ont possédé pendant longtemps un de leurs descendants, excellent chien dont ils ont souvent tiré race. Il n'existe plus de descendants de Grefton.

Les bâtards vendéens ont cependant une qualité fort précieuse : ce sont des chiens qui travaillent sur les devants, et qui rapprochent plus vivement que les bâtards anglo-saintongeois. Moins collés à la voie, ils dépêchent davantage la besogne dans les forlongers, qualité très précieuse dans la chasse du chevreuil. Aussi serais-je partisan d'infuser, de temps en temps, dans les veines de nos bâtards anglo-saintongeois-poitevins, une légère addition de ce sang généreux, ardent et vif.

2° ANGLO-GASCON-SAINTONGEOIS.

Depuis quelques années l'élevage des bâtards a fait de grands progrès, surtout depuis que, par des croisements modérés et judicieux, nombre d'éleveurs, principalement dans l'Ouest, sont parvenus à reconstituer en quelque sorte certaines races françaises qui se perdaient. Les saintongeois et les haut-poitevins sont dans ce cas : en tant que race pure ils ont, il est vrai, disparu; certains maîtres d'équipage vendéens ont pu néanmoins conserver dans leurs meutes de cerf et de chevreuil quelques gouttes du vieux sang de Saintonge, lequel mélangé avec le gascon et l'anglais a produit cette *sous-race* de bâtards anglo-gascons-saintongeois, quatrœillée d'orange, dont les connaisseurs prisent si fort l'élégante distinction et les remarquables qualités.

Émile de la Besge, un des vétérans de la vénerie française, et qui, cette année même, jugeait les meutes de cette race, au concours régional de la Roche-sur-Yon, nous raconte ainsi ses impressions. « Il y a neuf ans j'assistais à pareille fête : MM. les Vendéens, comme hier, avaient exposé leurs meutes; depuis lors de grands progrès ont été accomplis, les maîtres d'équipages en croisant leurs chiens entr'eux, sont arrivés à une ressemblance, à une homogénéité presque parfaite. »

Plusieurs autres meutes en Bretagne et en Anjou se sont formées avec les mêmes éléments et par suite à peu près semblables à celles dont parle l'éminent veneur de Persac.

Voilà donc une race, ou plutôt une *sous-race*, à peu près fixée et qui se reproduit avec ses qualités, sa couleur, sa forme, en s'améliorant sans cesse.

Le foxhound a été créé avec l'esprit pratique des éleveurs anglais, spécialement pour le fox-hunting. L'attrait principal (et même le seul) de la chasse au renard en Angleterre, consiste à franchir les obstacles, à courir à bride abattue, à éprouver la vitesse des chiens et des chevaux, la solidité, l'audace et l'énergie des chasseurs : Excellente école pour les cavaliers, médiocre école de vénerie, tel est le foxhunting anglais.

Pour nous, veneurs français, qui conservons avec un soin jaloux les vieilles traditions de nos pères, qui aimons l'art de la vénerie, le foxhound presque toujours muet, peu travailleur, souvent dur de nez, ne saurait entièrement nous convenir. Aussi avons-nous, dans l'Ouest surtout, créé plusieurs races de bâtards réunissant à la rusticité du foxhound, la gorge, l'amour de la chasse, et la finesse d'odorat du chien français. Moins lourd que le chien anglais, de plus haute taille, plus léger de corsage, mais musclé et bien reinté, notre bâtard réunit les qualités physiques et morales que nous devons chercher dans nos braves compagnons.

Parmi les principales races de bâtards créés en France depuis quarante ans, je ne donnerai les points que des anglo-gascons-saintongeois, par la bonne raison que je les connais mieux que les autres, que d'ailleurs la différence entre ces divers bâtards est légère, et que leur construction est à peu près identique.

Les *pattes*. Je considère que les pattes du chien courant sont le point capital; avec des pattes défectueuses ou trop faibles, peu ou point de locomotion.

La première partie de la patte, et la plus essentielle, à mon avis, c'est le pied. Chez le bon bâtard gascon-saintongeois il doit être ni trop long ni trop rond, muni d'ongles et de doigts solides, l'éponge assez large, une vraie *patte de lièvre*, en un mot; c'était là (la patte de lièvre) un des points caractéristiques de la race de Saintonge.

J'ajoute que la patte doit être droite; il faut absolument proscrire les coudes en dehors, et les jarrets écartés. Pour le bâtard qui doit unir la légèreté à la force, dont le corsage est élégant bien que musclé, point n'est besoin de pattes énormes; quand elles sont légères d'ossature, mais bien garnies de solides tendons, elles suffisent amplement.

J'aime les jarrets un peu coudés; c'est signe de vitesse et

de fond; le jarret trop droit et en même temps étroit, doit être sévèrement réformé, c'est un défaut capital.

Épaules. Bien que fortement attachées, elles doivent être plates et très obliques; de la longueur de ces leviers, comme de celles des hanches dépend surtout la vitesse du chien, du développement des muscles dans l'appareil locomoteur dépend et le fond et la résistance; l'arrière-main doit donc être puissante et très solidement établie, répondre en un mot à la bonne construction des épaules.

Poitrine. Chez le bâtard gascon-saintongeois elle doit être profonde plus encore que large; si elle est trop large, la vitesse s'en ressent; elle doit en un mot ressembler à la poitrine du cheval de pur sang; du reste, les poumons sont surtout développés dans le sens de la verticale; une largeur moyenne unié à une grande profondeur suffit donc.

Reins. Les reins doivent être bien attachés, sans aucune dépression près de leur point d'intersection, c'est-à-dire à la dernière côte. Ils doivent être larges avec une certaine longueur, plutôt plats que arqués. Le chien dont le rein est très arqué ne s'étendra jamais sur le terrain dans le même style que celui dont le rein est plat et un peu long; il galopera toujours en raccourci.

Tête, cou et *oreilles*. Ce sont surtout la tête et l'encolure qui, chez un bâtard, dénotent le croisement dont il est issu. Il doit avoir la tête légère avec un front développé et des narines larges. Les yeux doivent être grands, vifs et intelligents; les oreilles fines, bien attachées, un peu papillotées, couvertes d'un poil noir, luisant et doux au toucher; quand avec cela elles sont bordées sur la face externe d'un liseré de

feu pâle et que les deux yeux sont surmontés de deux petites
taches aussi de feu pâle, on peut affirmer que le vieux sang
de Saintonge coule encore dans les veines de l'individu.

Le cou doit être solidement attaché à sa base, mince ensuite
et long, comme il convient à un chien chez lequel on recherche, comme chez le cheval de pur sang, les *grandes lignes*.

Queue. Elle doit être forte à la naissance et se terminer en
pointe effilée; elle est longue et droite quand le chien est en
mouvement. Un joli fouet habille singulièrement l'arrière-
main du chien courant.

La robe comprend le poil et la couleur : le poil doit être
très ras, très fin et par suite très serré. La couleur du bâtard
saintongeois doit rappeler le plus exactement possible la
couleur de la race que l'on veut régénérer, la vieille race
française de Saintonge; elle sera donc uniformément noire
et blanche sur tout le corps, soit à manteau noir, soit à marques détachées *ad libitum*, avec du feu le plus pâle possible,
seulement sur les joues et sur la face interne de l'oreille
avec deux points de même couleur au-dessus des yeux.

Taille. Le chien de Saintonge était de haute taille; notre
bâtard, destiné à talouper dans le fourré, à bondir par-dessus
les ajoncs épineux, les brandes ou les bruyères tapissées de
lande piquante, doit, lui aussi, être grand. Quand le chien
est bien construit, plus il est de haute taille, plus il est beau
à l'œil; je n'aime pas les gondoles, mais je déteste autant les
roquets.

Les Anglais veulent des chiens qui aient le cou long pour
qu'ils puissent en chassant mettre le nez à terre afin de mieux
saisir la voie, c'est une preuve que la majorité de leurs
foxhounds est dure de nez. L'ancien chien de Saintonge

chassait, au contraire, le *nez au vent*, sans daigner baisser
la tête. C'est encore aujourd'hui le signe caractéristique du
chien de race, tant chez les chiens d'arrêt que chez les chiens
courants, le bâtard gascon-saintongeois doit donc chasser
le nez haut.

J'ai remarqué, nombre de fois, des chiens assez lents à
vue, tenir constamment la tête de la meute et crier admirablement; cela tenait uniquement à leur manière de porter la
tête. La position horizontale permet, en effet, aux poumons
de fonctionner à l'aise, et par suite, au chien de crier facilement et de tenir le train sans fatigue.

3° ANGLO-POITEVINS.

Il y a quelque quarante ans, MM. de la Besge, de Maichin
et autres bons veneurs poitevins, chassaient des cerfs dans
la forêt de la Moulière avec des chiens du haut Poitou. Ces
messieurs invitèrent M. de la Débutrie à réunir son équipage
de Vendée à leurs meutes poitevines. Peu habitués à l'ajonc,
peu aptes aussi, avec leur poil fin et clair, à marcher *au
piquant*, les chiens de Vendée furent promptement *coulés*.
L'année suivante, M. de la Débutrie accepta de M. de la Besge
Queen, *Cromwell* et un troisième chien anglais, en échange
de trois chiens de Vendée. Un an après, M. de la Débutrie
fit venir trois ou quatre autres chiens anglais et retourna à
la Moulière. Bien que MM. de la Besge possédassent alors un
chien français extraordinaire, *Marius*, qui portait constamment la tête à l'ajonc sur les chiens anglais, il fallut se ren-

Druid, bloodhound, à M. le comte Le Couteulx. (Page 107.)

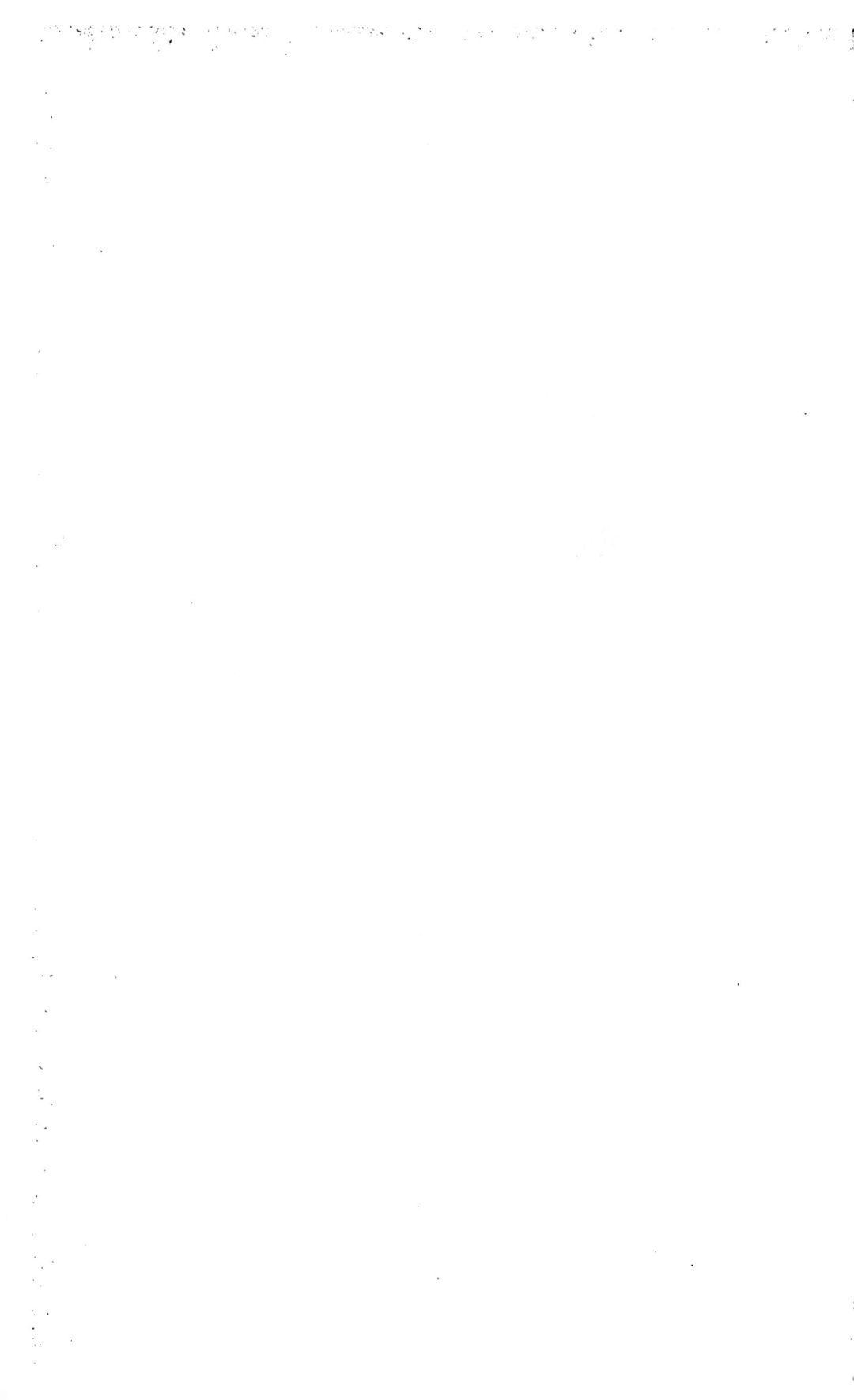

dre à l'évidence : *Marius* était une exception, et, pour forcer
le cerf de meute à mort, le chien français ne pouvait être
comparé au chien anglais. La forte construction de l'anglais,
sa santé robuste, sa vitesse, son fond inépuisable, défiaient
toute concurrence. A partir de ce moment, on prit des cerfs
à la Moulière presque sans en manquer. Malheureusement,
les chiens anglais étaient muets ou à peu près. Il vint alors
à l'esprit de ces messieurs une excellente idée, bientôt réali-
sée : MM. de la Besge importèrent en Poitou *Taboureau*,
Rochester, etc., chiens de pur sang anglais. Grâce à l'initiative de M. de la Débutrie, qui croisa les lices du Poitou avec
les chiens anglais, et qui en cela fut imité par MM. de la
Besge, nous fûmes bientôt dotés de ces excellents bâtards
haut-poitevins qui réunissent au plus haut degré toutes les
qualités du chien de noble race : taille, élégance, fond, santé,
vitesse, gorge sonore, intelligence et disposition remarquable à garder le change.

Tel fut depuis la Révolution le premier essai de croisement entre chiens anglais et chiens français. Avant
cette époque, nos annales cynégétiques font cependant
mention de meutes entièrement composées de bâtards anglais. Sous Louis XIII, René de Maricourt dont le manuscrit a été imprimé seulement en 1858, est le premier
auteur qui fasse, croyons-nous, mention de ce croisement.
Il s'en est même servi avec succès dans ses chasses de chevreuil. « Ordinairement, dit-il, dans son livre intitulé *la*
Chasse du lièvre et du chevreuil, les chiens français meslez
avec les chiens d'Écosse ou d'Angleterre font des chiens
de fort belle taille et qui chassent bien le droict. » Sous
Louis XIV, le duc de Bouillon, grand chambellan du roi, força

dans ses forêts de Normandie cent cerfs dans une seule année
avec des bâtards anglais. Ce n'est donc pas d'hier que des
veneurs français, et des plus illustres, ont eu recours à ce
mélange de sang, pour maintenir la santé dans leurs races
et obvier à la dégénérescence. Le grand art est de savoir à quel
point il faut s'arrêter, quelle dose de sang étranger il est utile
d'infuser pour ne pas altérer les qualités que l'éleveur veut
maintenir.

Le bâtard du haut Poitou a encore conservé quelques
gouttes de ce vieux sang des Foudras, des Larye, des Céris,
etc., si apprécié de nos pères. Il diffère de l'anglo-gascon-saintongeois surtout par les membres, la tête et la couleur; les
membres sont plus larges et moins arrondis; la tête est plus
longue, plus étroite; les oreilles moins tirebouchonnées; les
pieds sont excellents; sa robe étant tricolore et ornée souvent
d'un manteau noir bordé de rouge, les marques de face sur
les paupières n'existent pas. Malheureusement la facilité
avec laquelle ces chiens ont le saignement de nez, les au-
raient déjà fait disparaître, si les éleveurs du Poitou n'avaient
parfois remédié à cet appauvrissement du sang, en les croisant avec des étalons anglais, et aussi avec des bâtards gas-
cons-saintongeois dont le fond et la santé sont remarquables.

Bien tracée, cette race unit à une grande distinction, un
amour de la chasse hors pair; doué d'une gorge gaie, flutée
et un peu prolongée, ce bâtard chasse le loup. *d'amitié*. J'ai
chassé près de Poitiers avec MM. Guichard; découplés sans
leurs colliers à grelots, ces braves chiens ralliaient aux nôtres
sur le lièvre, et le forçaient gaiement; mais aussitôt que leurs
maîtres les affublaient de leurs colliers, ils commençaient
à hérisser leur poil, se déchaussaient et ne se rabattaient plus

Perray, foxhound, à M. Servant. (Page 110.)

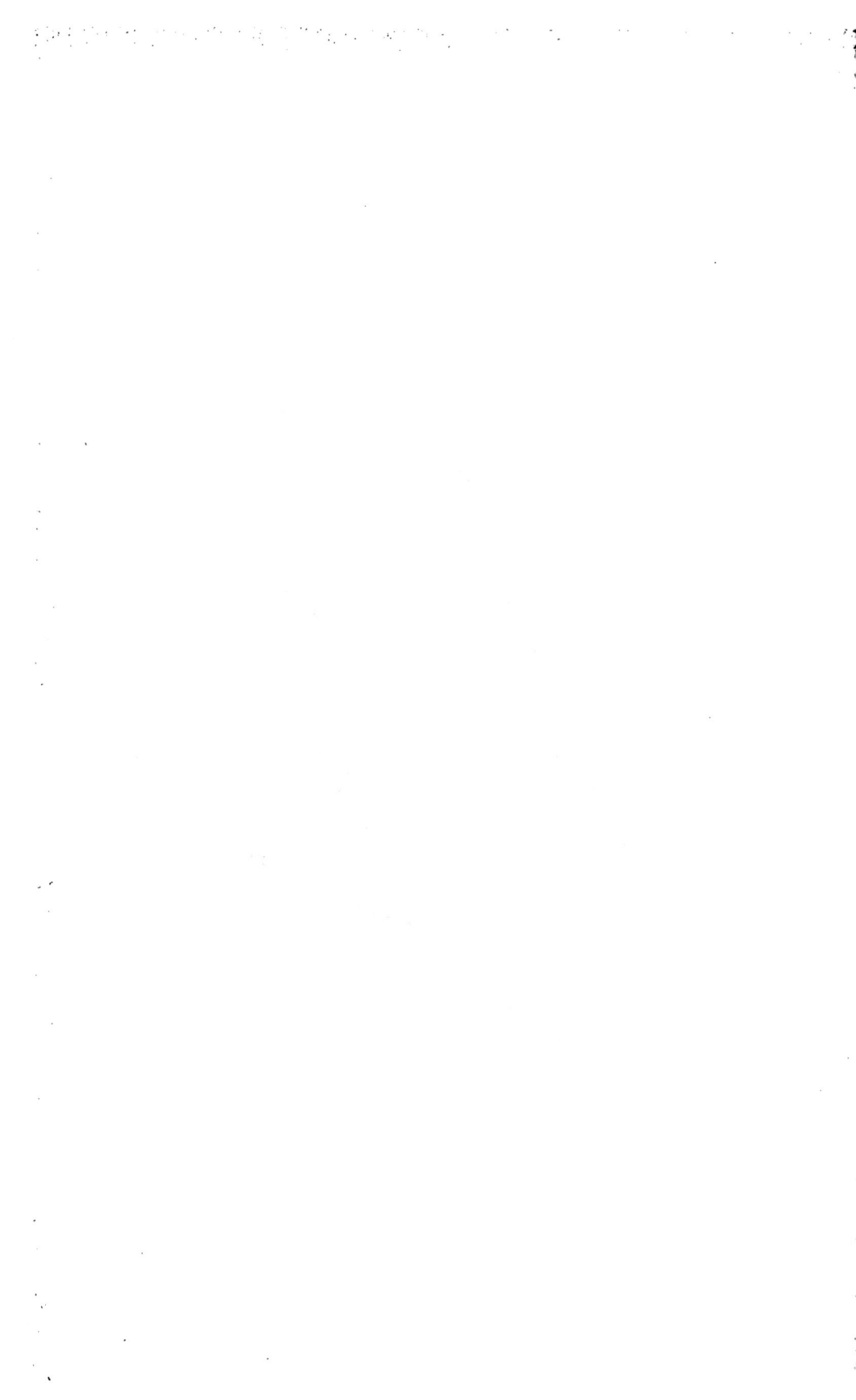

que sur des voies de lièvre. Les chiens de MM. Guichard n'avaient que peu ou point de sang anglais : depuis lors ils ont été, comme leurs voisins, obligés, pour les exigences actuelles, de croiser leur excellente race avec des reproducteurs étrangers.

Nous devons la création des bâtards du haut Poitou, en première ligne à MM. de la Besge, imités en cela par MM. de Cressac, d'Autichamp, Duché, Treuille, de Pully, et autres célèbres veneurs poitevins.

4° ANGLO-NORMANDS.

Ne connaissant le bâtard normand que de vue, je reçois d'un veneur normand distingué les lignes suivantes : « Je connais peu le bâtard normand, n'ayant, quoique Normand, guère connu que deux ou trois équipages composés de ce sang, et n'ayant jamais chassé que quatre ou cinq fois avec eux. Ils me paraissaient *très beaux*; mais, comme qualité, ils m'ont semblé fins de nez et criants, musards et se débrouillant médiocrement dans les défauts.

« Je crois que le seul équipage actuel, réellement composé de vrais bâtards normands, est celui de M. de la Broise : on dit qu'il chasse bien et prend, soit cerf, soit chevreuil, dans une forêt difficile. Un de mes amis, M. Léonce de Pomereau, grand chasseur et très connaisseur, a chassé souvent avec l'équipage et me l'a dit très bon : *seulement, je ne sais* si la meute n'a pas un peu du sang des chiens de M. de la Besge; la masse, cependant, doit être formée de bâtards normands.

« J'ai connu, il y a quinze ou vingt ans, les beaux bâtards

normands de M. Durécu, de M. Leduc et de M. Hardy : c'é-
taient des chiens magnifiques de 24 à 26 pouces, ayant encore
beaucoup de français, secs, gros, non de graisse, mais de
muscles; des têtes superbes et des queues droites. Ils chassaient bien et prenaient parfaitement; leur menée était régu-
lière; on leur reprochait d'être *un peu musards* et *inintel-
ligents* dans les défauts. »

Ce que M. Le Couteulx pressentait il y a dix ans, s'est
réalisé.

M. du Rozier, ayant hérité de la meute de M. de la Broise
et emprunté pour allégir ces bâtards dans leurs cous, leurs
têtes, leur ossature, plusieurs reproducteurs étrangers au
vieux sang normand aujourd'hui disparu : il a surtout choisi
le bâtard du haut Poitou. Sans diminuer l'ampleur de la
poitrine, la force des muscles et des membres, l'éleveur sérieux doit, en effet, chercher à faire porter à l'animal destiné
à courir pendant de longues heures, le moins de poids possible; une grosse tête, un fanon développé, sont des sur-
charges inutiles; sans compter que leur exagération nuit
considérablement à la légèreté et à la distinction de l'animal.

Hawker, foxhound rapprochant du type ancien staghound, au vicomte d'Onzembray. (Page 110.)

14

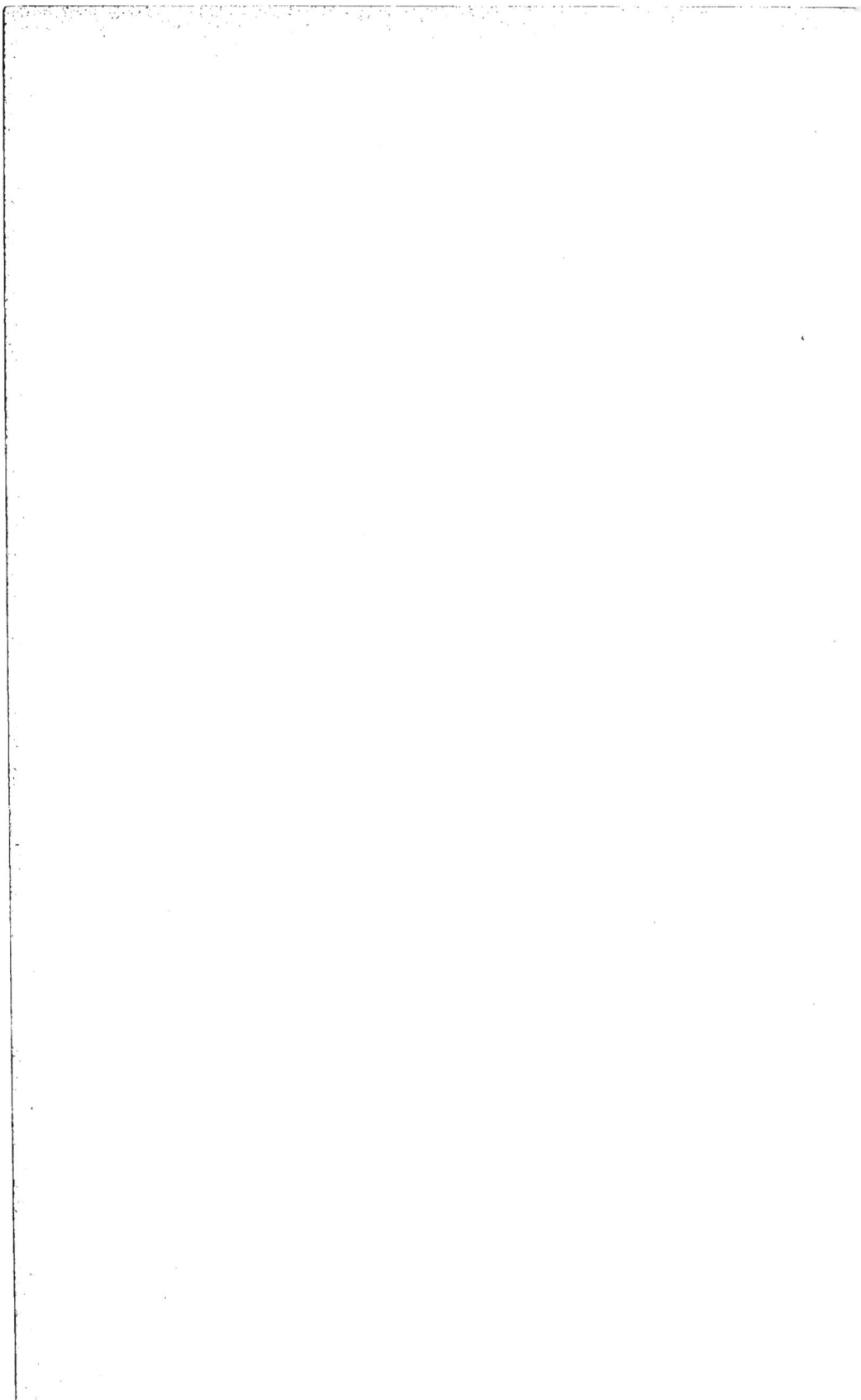

III. — Races étrangères employées en France actuellement
pour la chasse à courre.

§ 1. — *Bloodhounds.*

Je consacrerai quelques lignes aux bloodhounds, si bien
décrits dans l'ouvrage de M. le comte Le Couteulx sur les
chiens français. M. Le Couteulx veut bien me faire l'honneur de m'écrire à ce propos les lignes suivantes :

« Ces chiens, qui me sont mieux connus maintenant que
lorsque je les ai décrits pour la première fois, sont encore à
améliorer pour certaines choses, construction, rein bas et
trop de fanon ; inégalité de pied dans la production, amélioration sous le rapport de la *bravoure*, mais ils ont de grandes et immenses qualités qui me les ont fait choisir et
m'ont attaché à cette race. Je trouve que c'est *celle qui
réunit le mieux les qualités de l'anglais à celles du français saintongeois ou poitevin.*

« Les bloodhounds ont une grande santé et énormément
de fond. Tout l'hiver, j'ai fait mes chasses de cerf et de
sanglier avec quatre lieues pour le rendez-vous et des sept
ou huit lieues de retraite. J'ai pris dix-sept cerfs et huit sangliers, et pas un chien n'a souffert ni peiné de ses journées
de vingt à vingt-cinq lieues.

« Ils ont bon nez, sans toutefois qu'il soit d'une finesse
extraordinaire ; cependant on trouve facilement de bons rapprocheurs. Ils sont très faciles à mener, très obéissants, au

moins aussi sages que les plus sages anglais, chassant froidement au départ et poussant plutôt quand l'animal est malmené. Ils ont de grosses gorges, superbes, plutôt sourdes que claires; mais, quand l'animal file droit sous futaies, ils sont sujets à ne guère crier et poussent la voie comme le diable. Ils sont remarquables pour le change, mais surtout pour ne pas chasser autre chose que l'animal sur lequel on les découple. Je suis bien loin de prétendre qu'ils ne font jamais change (étant entendu que le change n'existe guère que d'un animal échauffé à un animal qui ne l'est pas), mais je garantirais qu'ils ne feront à peu près jamais change d'un animal sur la voie duquel on les a découplés sur un autre d'une espèce différente, même sur lequel ils sont en curée. Ainsi à Lyons, où les cerfs fort nombreux, sont tous debout quand on chasse, il arrivera souvent que plusieurs feront change sur un autre animal également échauffé; mais, si, après trois mois de chasse de cerf sans interruption, et la prise de dix-sept cerfs, comme cette année, j'attaque un sanglier, plusieurs chiens ne chasseront pas la première ou la seconde fois, mais néanmoins n'attaqueront et ne chasseront pas de cerfs, et suivront les chiens qui seront sur leur sanglier, malgré les hardes de cerfs et de biches qu'ils traverseront ou mettront debout pendant leur chasse.

« Il y a, dans cette race, de gros chiens lourds et pesants à l'œil, qui sont d'un pied qu'on ne pourrait jamais soupçonner; cela tient, je crois, à la force et à la puissance de leurs membres et de leurs muscles. Toutefois il y a souvent inégalité de pied dans les mêmes portées, quoique la race ait un stud-book très exact qui vaut celui des chevaux de pur sang, et qu'ils se reproduisent identiquement pareils de

forme, de couleur et de caractère. Comme force, ils ne sont
guère faits qu'à deux ans; ils sont souvent un peu longs à se
livrer. Ils sont très intelligents, remarquables de retraite,
attachés à leurs maîtres, très ralliants. Ils sont doux, *très peu
mordants :* l'animal une fois pris, beaucoup de chiens ne
lui disent rien et n'y touchent pas.

« Quoiqu'ils ne le paraissent guère à l'œil, je crois pourtant qu'ils seraient bons chiens de chevreuil, par suite :
1° de leur nez; 2° de leur sûreté sur une voie; 3° de la manière dont ils poussent l'animal une fois échauffé; 4° de leur
obéissance et facilité à s'arrêter. »

Le bloodhound actuel qui descend du chien noir de Saint-
Hubert, est peu employé en France soit comme race pure,
soit comme croisement.

J'ai cependant possédé deux chiens remarquables, noirs
et feu, de haute taille avec des encolures dégagées; donnés
au général de la Rochejaquelin par lord Malmesbury, ambassadeur d'Angleterre. *Norman* et *Marcus* semblaient devoir
être le produit d'un croisement du foxhound avec le bloodhound : très vites, doués d'un nez excellent et d'une jolie
gorge, ils semaient leurs camarades de chenil dans les landes
piquantes qui entouraient, il y a trente ans, la forêt royale de
Chinon. Je n'ai jamais vu chiens marcher plus gaillardement,
ni même aussi bien à l'ajonc : sur un parcours de deux kilomètres à peine, nous devions les arrêter deux ou trois fois
pour que le reste de l'équipage pût les rejoindre.

Le comte Le Couteulx a possédé une meute célèbre de bloodhounds de pure race : il en a élevé plus de deux cents, nous
dit-il, aussi ne puis-je mieux faire que de lui en emprunter
la description : « Le chien de Saint-Hubert (bloodhound ac-

tuel) est très grand, de 60 à 80 cent.; il a le poil court, assez épais et fourré en dessous d'un poil doux. Le feu foncé avec une teinte plus noire sur le dos est la couleur la plus estimée : sa tête a un caractère particulier qui dénote la race pure : elle doit être longue, plutôt étroite que large, garnie de poils et de rides : les lèvres pendantes, et la lèvre supérieure retombant légèrement sur l'autre; les oreilles sont longues, minces, attachées très bas; le front haut et bombé est terminé en arrière par une pointe assez proéminente. Les yeux enfoncés laissent voir les conjonctives; le cou est long, garni de plis, avec du fanon; les épaules sont obliques, les pattes larges et puissantes, les pieds bien faits, les ongles noirs, la sole dure et résistante; la poitrine est peu descendue, les hanches sont fortes, la queue attachée haut est souvent recourbée; les jarrets sont un peu coudés, l'ossature est puissante.

« La chienne diffère du chien; elle est dans la race pure, presque toujours beaucoup plus petite et plus mince; je n'ai pas vu de races de chiens où la différence soit aussi marquée entre le mâle et la femelle. En somme, c'est une belle race et qui demande à être conservée, car c'est celle qui réunit le plus les qualités du chien anglais à celles du chien français. »

§ 2. — *Foxhounds.*

Il existait autrefois en Angleterre une race spéciale de chiens pour courre le cerf, appelés staghounds. Ils étaient principalement employés dans le sud, où on chasse encore cerfs et biches suivant les principes de la vénerie. Aujourd'hui on se sert des foxhounds les plus grands, les plus corsés, les plus criants.

Les anciens staghounds, à considérer leurs têtes carrées, leurs larges narines, leurs pendants placés assez bas, leur ossature puissante, devaient avoir une certaine dose de sang normand; ils devaient descendre aussi d'une espèce disparue, longtemps en honneur chez les Anglais, et appelée par eux « Talbot », c'était une race toute blanche; probablement descendait-elle de la variété blanche de Saint-Hubert.

Aujourd'hui que le foxhound est employé dans nombre d'équipages pour le cerf et dans plusieurs vautraits, et aussi comme un des facteurs de nos bâtards, peut-être est-il utile d'en dire quelques mots.

Il est indispensable avant tout essai de croisement, de s'enquérir de la provenance du chien dont on veut tirer race : Le vrai bon foxhound, bien fixé comme origine, se trouve en général dans les équipages appartenant aux membres de l'aristocratie, lesquels en conservent très précieusement la race, *de père en fils* depuis de nombreuses générations : parmi les noms les plus connus en France, je citerai les Beaufort, les Rutland, les Fitz-William, les Poltimore, etc. C'est dans ces meutes que tout éleveur soucieux de la qualité de ses jeunes chiens, doit aller chercher un étalon ou une lice.

Nous trouvons dans Beckford la description du meilleur foxhound :

« Les pattes, dit cet auteur, doivent être droites comme une flèche, les pieds ronds, pas trop grands, la poitrine profonde, le dos large, la tête petite, le cou mince, la queue épaisse et bien panachée; tant mieux si elle est portée élégamment.

Les jeunes chiens ayant les coudes en dehors ou faibles du genou au pied ne doivent jamais faire partie de la meute. Je ne parle de la petite dimension de la tête qu'au point de vue de la beauté, car les chiens à grande tête ne sont pas inférieurs, à mon avis. »

Remarquez que Beckford commence la description du foxhound en parlant des pattes et des pieds comme point capital.

La tête. La tête d'un bon foxhound n'est pas véritablement petite, ni le crâne trop épais. Une belle tête doit être longue et légèrement ridée sur le front, les bajoues développées et les narines larges.

Les oreilles. Elles sont placées bas et appliquées contre la tête; la peau est fine et les poils doux comme le satin au toucher, les oreilles sont longues de nature, mais on les écourte toujours pour les garantir des buissons et des épines.

Les épaules doivent être d'une bonne longueur; placées obliquement et bien garnies de muscles, sans être lourdes ni grossières. Ce sont là d'excellentes épaules pour la course; de la base des épaules au coude se trouve le bras proprement dit et non pas l'avant-bras, comme il est souvent appelé. Ce bras doit être long et fortement musclé. C'est au développement de ces muscles que sont dues la rapidité du foxhound à la course, et la facilité avec laquelle il gravit les montagnes, si toutefois les pieds sont bons et les coudes au niveau du corps, sans être tournés en dehors.

La conformation des jambes et des pieds est d'une grande importance. Les premières doivent être aussi droites que possible, munies d'os forts, garnies de muscles bien formés et de tendons solides. Les os du pied doivent être bien ras-

Meute de beagles à M. de Laborde. (Page 117.)

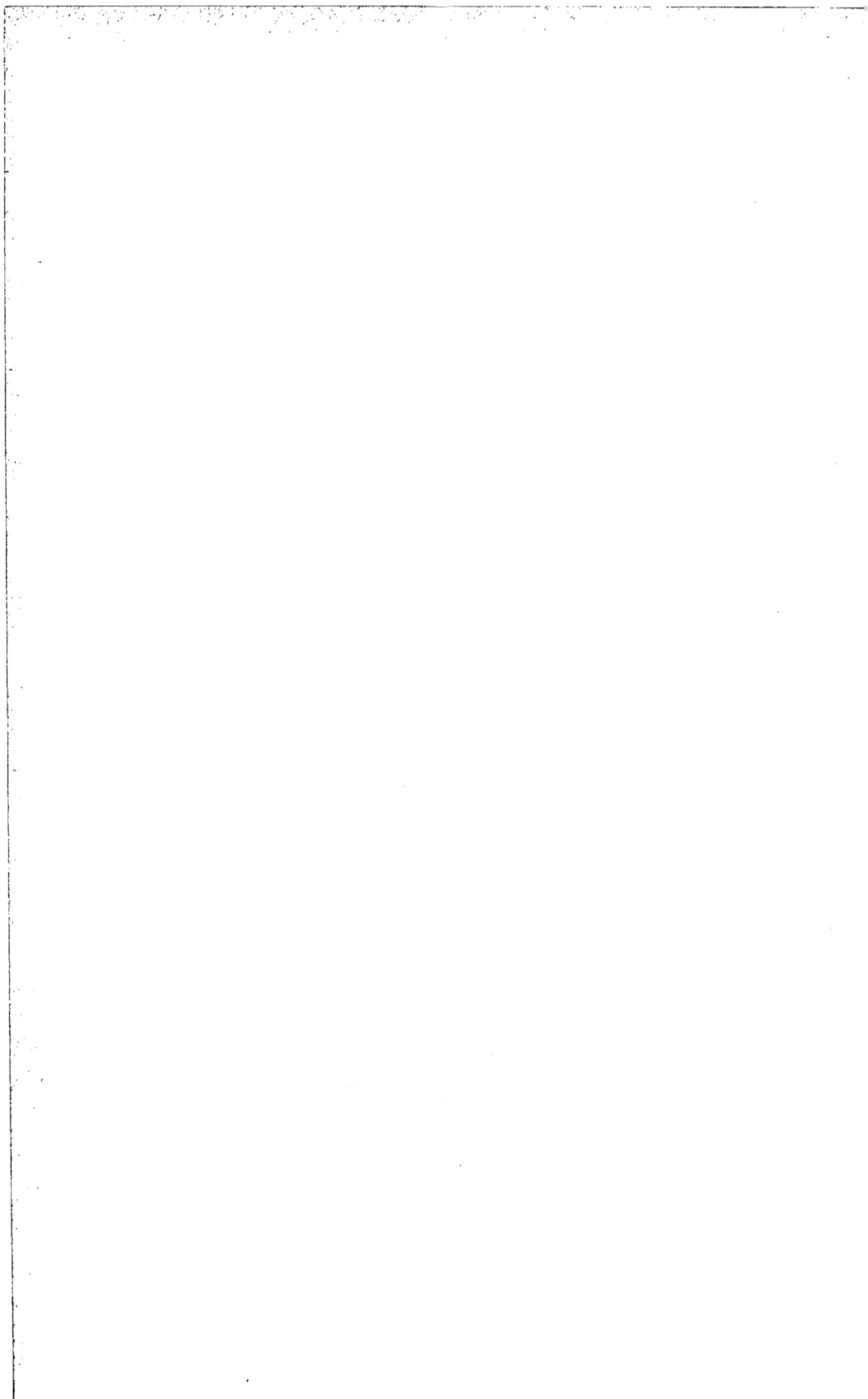

semblées, les griffes fortes et la sole rembourrée. Un chien aux jambes et aux pieds tels que je viens de les décrire avec une bonne respiration fera son chemin toujours et partout.

La poitrine doit être solide en dedans et en dehors, les côtes profondes, de l'avant à l'arrière et bien arrondies sans paraître grossières. Un chien faible dans le dos ou mou des reins n'aurait point de résistance; il est donc essentiellement nécessaire chez le foxhound que ces parties, ainsi que les hanches et les fesses, soient fortes, bien musclées, solides et résistantes au toucher.

Les jarrets doivent être droits et allongés sans aucune tendance à se tourner en dehors à la façon de ceux des vaches.

Les grassets doivent être légèrement courbés; les jambes, du jarret à la partie postérieure, courtes et fortes.

Le cou. Il doit être long, afin de permettre au foxhound de quêter bas et de garder l'odeur. Il doit être bien garni de chair et s'élargir vers l'omoplate, à laquelle il doit être fortement attaché.

La queue, large à l'attache, va en diminuant pour se terminer presque en pointe. Elle est portée haut avec une belle courbe garnie de poils passablement longs et forts, mais sans être en panache.

La robe. La robe doit être serrée, courte, mais lustrée et lisse quoique dure. Il est étonnant de voir avec quelle facilité les poils reprennent leur position ordinaire après avoir été brossés dans le sens inverse.

Couleur. La couleur propre du foxhound n'est guère qu'une affaire de goût. Personne ne l'aime d'une teinte douteuse. En règle générale, le blanc, feu et noir sont préférés.

Le noir ne doit pas être très prononcé, quoique deux ou trois chiens de couleur foncée font dans une meute bien ressortir ceux de couleur claire. Les couleurs qui se confondent bien sont très jolies; couleur lièvre, blaireau pie, pie rouge, jaune et feu par exemple. Pourtant les amateurs n'aiment pas les chiens bigarrés et les considèrent comme indice du croisement du harrier.

Les auteurs anglais considèrent les chiens blancs comme étant des chiens de chasse excellents avec un flair remarquable; les chiens noirs avec quelques taches blanches sont bons chasseurs et obéissants.

Les chiens à taches jaunes passent pour entêtés et difficiles à créancer; les chiens marqués de gris sont aujourd'hui en grande faveur; ils passent pour aimer la chasse et pour avoir un fonds inépuisable.

Le foxhound est facile à créancer; il rallie à merveille et pousse vivement son animal quand il le sent malmené : détestant le fourré, les ajoncs et les épines, il se relaye souvent dans les forêts un peu piquantes; créé pour les terrains faciles, il se rattrape dans les débuchers, il donne alors toute sa vitesse. Il aime les voies droites; l'animal qui tourne, qui rabat ses voies et se fait battre au fourré le dégoûte promptement.

Au point de vue de la vénerie, nos bâtards sont infiniment préférables: il nous a fallu cependant recourir au chien anglais pour retremper le sang de certaines de nos races étiolées, auxquelles ce chien rustique a donné de la santé, du train et de l'endurance.

§ 3. — *Harrier.*

Dans son *Manuel de vénerie*, le comte Le Couteulx décrit ainsi le harrier :

« Le harrier tient le milieu entre le foxhound et le beagle ;

Beagle.

il est à croire qu'il provient d'un croisement entre ces deux races. Il y a plusieurs variétés de harriers. Les uns ressemblent à de petits foxhounds légers et fins, merveilleusement construits au point de vue de la vitesse et de la résistance : leur taille varie de 0ᵐ,51 à 0ᵐ,57.. »

Tricolores ou à taches noires, ces chiens sont charmants et d'un très grand pied : ils vont mieux en plaine que dans le fourré; cependant ils prennent leur lièvre en tout lieu et très vite : j'ai même connu des meutes exclusivement composées de harriers qui enlevaient un renard en moins d'une heure et demie.

Il existe une autre variété de harriers avec des formes plus lourdes, les pendants plus larges et attachés plus bas, la tête plus grosse : ils sont plus gorgés, moins vites, ont le nez plus fin : ce sont des chiens de lièvres de premier ordre.

Malgré ces sérieuses qualités, je leur préfère pour le courre du lièvre certaines races françaises, et en première ligne les briquets ariégeois.

§ 4. — *Beagles.*

Il existe en Angleterre une grande variété de beagles; les uns sont à poil dur comme les Wales-beagles, les autres à poil ras comme les Batcomb et les Honey hood. Ceux-ci ressemblent à une miniature de foxhound; ils ont de 0ᵐ,42 à 0ᵐ,46 de hauteur; d'autres sont si petits que le colonel anglais Hardy en a possédé une meute de 24, qui tous étaient portés à la chasse dans deux paniers attachés sur le dos d'un cheval. Généralement on appelle ces extraits de chiens courants des *Elizabeth-beagles*. Excepté dans des terrains convenables, ces jolies petites bêtes sont exposées à ne pouvoir sortir du moindre fourré, et à se noyer dans les fossés.

Habituellement la robe des beagles est tricolore; le feu
en est vif; la tête large au sommet est terminée par un museau fin et distingué; le cou est court; les pattes et les pieds
sont solides; les yeux clairs dénotent l'intelligence; les oreilles
sont longues et plates. Doué d'une voix flûtée et prolongée,
son ardeur pour la chasse est extrême.

Il en existe de très vites. J'ai pris en moins d'une heure
des bouquins vigoureux, après des débuchés dont le train
mettait nos chevaux à l'ouvrage.

Plusieurs meutes remarquables de Beagles se sont formées ces derniers temps en France. Je ne sais si, même en
Angleterre, on trouverait mieux sous tout rapport, que les
ravissants équipages de mes neveux de Beauregard, et de
MM. de la Borde. Leurs succès croissants tant aux expositions françaises qu'aux divers concours en Angleterre, où
ces chiens ont constamment battu leurs concurrents anglais, en sont la preuve concluante. Il est juste d'ajouter
que leur suprême élégance marche de pair avec les qualités
qui les distinguent. Cette année, chacune de ces charmantes
petites meutes a forcé, dans la saison, près de cinquante
lièvres.

LIVRE TROISIÈME

CHAPITRE PREMIER

DU CHIEN LE MEILLEUR POUR FORCER RÉGULIÈREMENT LE CERF
ET LE CHEVREUIL.

Dans son remarquable *Manuel*, le comte Le Couteulx accorde toutes ses préférences pour la chasse du cerf, aux bâtards poitevins et gascon-saintongeois. « Ils sont plus chasseurs, plus perçants au fourré que les foxhounds ; ils ont plus de nez, plus de gorge, plus de dispositions à garder change. En somme, ces bâtards me paraissent les meilleurs que j'aie vus pour cette chasse, et comme ils sont assez nombreux, je crois que c'est de ces races qu'il faut se monter pour bien chasser le cerf. Certes, un bon chien anglais y réussit aussi ; mais ils sont plus rares à trouver : la plupart n'ont pas grand nez, et s'ils aiment à prendre, ils ne montrent guère cette qualité que quand l'animal est très malmené et qu'ils sentent que l'instant de la prise est proche. N'ayant pas une grande finesse de nez, ils ne peuvent généralement ni rapprocher, ni, dans un embarras, enlever un forlonger. Beaucoup

sont muets et cèlent la voie. Ils sont vigoureux, peuvent chasser souvent, sont mordants, aiment à prendre ; c'est beaucoup,
mais ils ne valent pas nos bons bâtards du Poitou ou de Saintonge, avec lesquels j'ai fait mes plus belles chasses de
cerf. »

« Le meilleur chien pour forcer le chevreuil, nous dit plus
loin le comte Le Couteulx, est incontestablement le chien
actuel des meutes de la Vendée et du haut Poitou, si connues
par leurs succès. Les grands veneurs de ce pays ont, pour
produire leurs bâtards, un talent extraordinaire. Ils tiennent
beaucoup à croiser leurs lices de change avec des étalons de
change. Depuis plus de 40 ans qu'ils agissent ainsi, ils sont
arrivés à produire des chiens qui, dès la seconde année, montrent souvent cette qualité. »

« Je conseillerai donc à tout veneur qui veut monter un
équipage pour le chevreuil, de ne prendre des chiens que
dans les bonnes meutes de la Vendée ou du haut Poitou.
S'il peut se faire céder quelques chiens de tête, bien sûrs de
change, pour servir de maîtres d'école aux autres, il arrivera
vite à un résultat : et s'il veut suivre la mode de croisement
et d'élevage de ces Messieurs, il pourra, au bout d'un certain
temps, avoir un équipage qui vaudra les leurs. »

J'ai peu de chose à ajouter à cet éloge flatteur d'un de nos
maîtres en vénerie. Comme lui, je crois que le bâtard bien
tracé, d'une race suivie et confirmée, est le meilleur chien
pour forcer régulièrement cerfs et chevreuils.

La question si controversée du meilleur croisement a été
étudiée et poursuivie depuis longues années en Vendée et
en Poitou ; l'auteur du *Manuel* en constate les résultats.

Partis de ce principe, admis en zootechnie, « que dans tout

croisement, le sang le plus fixé domine dans le produit de deux races distinctes, » les éleveurs qui unissent la théorie à la science pratique ont pu constater que le bâtard au premier croisement, entre la lice française pure et le chien anglais, tenait plus de la mère que du père, pour les qualités que nous recherchons, la finesse de l'odorat, l'amour de la chasse, la gorge. De là découle ce fait incontestable « que le croisement entre deux bâtards au premier degré, imprime au produit un cachet moral plus français qu'anglais. A l'aide de ces observations, nous avons pu créer, en Vendée et en haut Poitou, des sous-races qui réunissent aux aptitudes du chien français d'autrefois, les qualités physiques du foxhound, le *fond*, le *train*, la *santé*.

Aujourd'hui, la sous-race anglo-gascon-saintongeoise, maintenue dans son croisement, sa forme, sa couleur, ses précieuses qualités, depuis près de quarante ans dans les principaux équipages vendéens, semble assez fixée pour qu'on puisse la considérer comme une conquête acquise et vraiment française.

En principe, le maître d'équipage doit se garder de tirer race d'un chien faible de santé, bricoleur, muet, dur de nez, peu descendu de poitrine, avec de mauvaises pattes, disposé à partir sur le change à toute occasion. Tôt ou tard la loi de l'atavisme reproduira les défauts de l'ancêtre.

J'ai remarqué qu'en croisant entre eux les chiens de change, on avait chance de procréer des sujets héritiers de cette si précieuse qualité. Souvent même ai-je vu des chiens à leur première chasse, marquer le change admirablement.

Du reste, n'est-ce pas le même principe qui a fixé les qualités du chien d'arrêt, lequel arrête naturellement, du barbet qui ne se plaît que dans l'eau, du bull terrier qui terre sans avoir besoin de leçons etc., etc....

En 1879 j'écrivais, dans « *la Chasse du chevreuil* », les lignes suivantes :

« Je regrette, pour ma part, que tous les bons veneurs de France n'aient pas été présents cette année à notre réunion de Vezins; ils eussent certainement admiré, hardé au rendez-vous du *Chêne brûlé*, un équipage composé de cent chiens blancs et noirs, tachetés de feu pâle sur les yeux, de haute taille, légers de corsage, mais musclés et bien reintés, profonds de poitrine, d'une construction élégante et irréprochable; ils eussent remarqué surtout la merveilleuse intelligence, la sagesse incomparable de ces cent chiens découplés tous à la fois. Cette meute nombreuse, chassant ensemble pour la première fois de l'année, passait au milieu de hardes nombreuses de biches, de cerfs et de chevreuils, sans hésiter, et sans que, sur huit chasses de cerfs consécutives, nous ayons eu un seul change à redresser. »

Comment faire un plus bel éloge de cette excellente race? Nos veneurs de France les plus expérimentés oseraient-ils découpler sur un cerf dans une forêt vive, même avec une meute très réglée d'avance, exclusivement dans la voie du cerf, quatre meutes qui ne se connaissent pas entre elles? Et cependant, à Vezins, les veneurs vendéens accomplissent tous les ans ce tour de force. Depuis plus de trente ans que nous y chassons, je ne sache pas qu'on ait manqué plus de huit ou dix cerfs : ce succès inouï tient évidemment à l'excellence de nos races de bâtards anglo-poitevins et anglo-saintongeois.

J'ajouterai en terminant que mon avis personnel, confirmé

par la longue expérience de nos meilleurs veneurs, M. de la
Débutrie, notre doyen et notre maître à tous, MM. Raymond
de Chabot, de Béjarry, de Lépinay, etc., est que le premier
chien du monde pour bien forcer le chevreuil habituellement,
agréablement, sûrement, est le bâtard issu d'une race distinguée et suivie depuis longues années, sortant d'un chenil qui
a la réputation de manquer rarement son chevreuil.

Quelques veneurs m'objecteront que le chien anglais peut
convenir aussi bien que le bâtard, et qu'on a vu d'excellents
chiens de pur sang rendre de grands services dans une meute
de chevreuil.

Je répondrai à ceci que j'ai vu de parfaits chiens anglais
chassant admirablement le chevreuil : mais, à mon avis,
c'est l'*exception*. Un veneur distingué, M. Paul Caillard, dont
nous avons remarqué à une exposition de Paris les cinquante
jolies chiennes de pur sang qui composaient la meute *de la
Christinière*, m'a assuré avoir chassé pendant un an le chevreuil avec l'équipage qui enlevait dans une demi-heure tous
les renards lancés. Il ajoutait que jamais il n'avait sonné
d'hallali, tant qu'il n'avait chassé le chevreuil qu'avec ses
chiens anglais.

J'ajouterai à cette haute autorité des faits personnels.

La première année que, mon frère et moi, nous chassâmes
le chevreuil à Chinon, avec un modeste équipage composé
de quatorze ou quinze bâtards de quart-sang ou de demi-sang
anglais au plus, les jeunes chasseurs vendéens enlevèrent
cinq chevreuils pendant le même laps de temps que MM. de
Puységur, avec des chiens très près du sang anglais, em-
ployèrent à forcer deux chevreuils.

Quelques années plus tard, les chevreuils de Chinon ayant

diminué, notre oncle, le général Auguste de la Rochejaquelein, nous engagea à joindre notre petite meute à celle de
M. Raguin, actionnaire de la forêt de Chinon, et possesseur
d'un fort bel équipage, composé de superbes chiens anglais
et de bâtards très avancés dans le sang. Tous les chasseurs
de Chinon ont été témoins de ce fait qui semble étrange :
pendant la première heure, nos chiens avaient la plus grande
peine à suivre le train, mais, au bout de ce temps, alors que
la voie du chevreuil devenait plus légère et que la meute
sentait l'animal de plus en plus malmené, nos chiens, plus
fins de nez, plus adroits chasseurs, plus intelligents que les
chiens anglais, prenaient la tête, et, coupant tous les cro-
chets, serraient l'animal moitié plus vite que les anglais.
Presque tous nos chiens dominaient les chiens anglais pendant la dernière heure. Nous fimes de la sorte neuf attaques
successives, suivies d'autant d'hallalis.

Ce fait, qui semble extraordinaire au premier abord, s'explique par ce que j'ai rapporté plus haut des qualités dis-
tinctives du bâtard bien tracé.

Pour prendre un chevreuil, une meute très vite n'est donc
pas nécessaire. Les chiens très intelligents, dont le nez est
fin, qui dans les défauts ont de l'initiative, et qui surtout
chassent adroitement et *diligemment,* mettront toujours
moins de temps, en moyenne, pour forcer un chevreuil, qu'un
équipage très près du sang *anglais.*

J'ai dit que nos bâtards prennent également bien cerfs et
chevreuils. Je citerai les forêts de Vouvant en Vendée, de
Leppo et de Vezins en Anjou, etc., où nos meutes vendéennes
pour le chevreuil forcent des cerfs à des époques fixées d'a-
vance. Si je ne craignais pas de trop vanter mon modeste

équipage de chevreuil, j'aurais des succès assez variés à enregistrer cette année. Le 23 février dernier, je sonnai mon quarante et unième hallali, sur 43 *attaques :* 12 cerfs, 28 chevreuils et un sanglier. Depuis cette époque jusqu'au 23 mars, j'ai pu prendre, malgré les mauvais temps, 6 autres chevreuils; ce qui forme un total de 47 animaux forcés de meute à mort pendant la campagne de 1876-77, avec une meute composée seulement de 23 bâtards anglo-poitevins-saintongeois.

CHAPITRE II

Tout vrai disciple du grand saint Hubert doit être sobre, tempérant, calme et mesuré dans ses paroles. La chasse, qui est une récréation licite et charmante, que les dames honorent souvent de leur présence, doit être une école de bon ton. Il ne faut pas faire d'un délassement et d'un amusement permis, une occasion de disputes, de querelles, et, par suite, d'amers regrets : un maître d'équipage doit être affable, poli pour tous ceux qui lui font l'honneur de suivre ses laisser-courre; il en imposera par sa seule bienveillance mille fois plus que par son aigreur ou ses mauvais procédés. Pendant le laisser-courre, tout le monde doit s'y intéresser, je dirai plus, y prendre part; pour les invités, c'est le seul moyen de s'amuser, et il faut qu'à la chasse *tout le monde s'amuse.*

Un jeune débutant pourra sonner à faux une vue sur un change, un vol-ce-l'est de chevreuil sur un pied de mouton, ou un retour au lieu d'un bien-aller. Tout ceci est de peu d'importance : une meute bien réglée, un maître d'équipage calme et solide, n'en seront nullement dérangés; d'ailleurs,

Le printemps au bois.

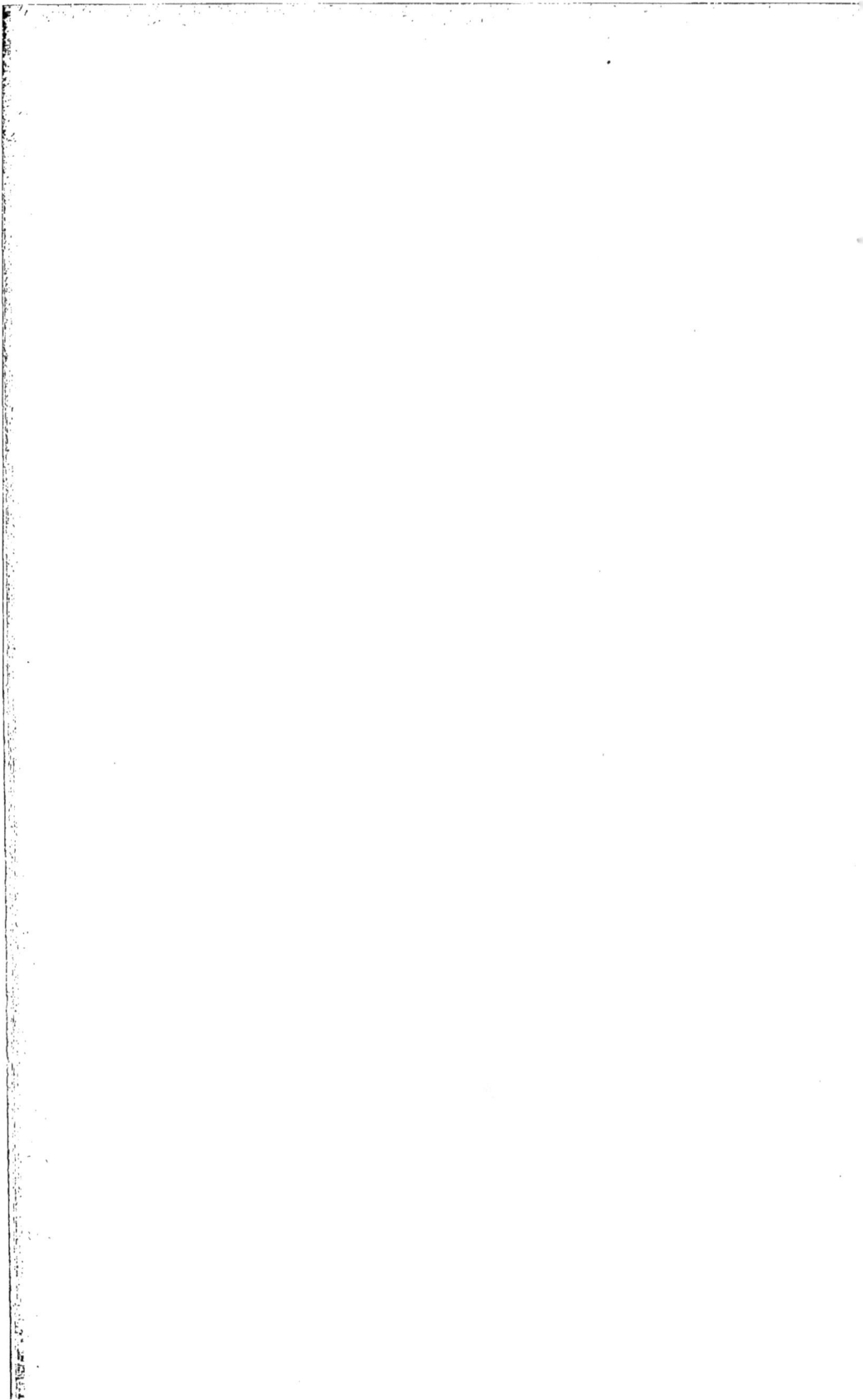

l'écolier ne sait pas tout, le maître le comprend, et, si son disciple qui fait une école est repris avec douceur, il ne retombera plus dans son péché.

La science de la chasse demande de la réflexion. Un veneur maître de soi, modère son ardeur, et, par cela même, calme la fougue de ses chiens; il ne peut du reste modérer l'ardeur de ses chiens qu'en se calmant lui-même. Maître de ses actions, il juge plus sainement les difficultés, et devient par suite plus apte à les vaincre.

Le maître d'équipage, autant que possible, ne doit pas quitter la tête de ses chiens; attentif à leur manière de chasser, il sait que, par un mauvais temps, la voie d'un chevreuil qui se forlonge devient légère; dans ce cas, il presse ses chiens pour ne pas perdre de temps, et les aide à travailler diligemment. Si, au contraire, ses chiens chassent gaiement et sans défaut, loin de les presser, il les calmera, les ralliera à la trompe, évitant *surtout* de crier à tout propos; il rompra les plus fougueux qui dérobent la voie. Les observant sans cesse, le *bon veneur* arrête ou appuie ses chiens, suivant qu'il le juge utile, leur parle souvent, doucement et à mi-voix, les appelant toujours par leur nom.

Le *bon veneur* doit connaître à fond tous ses chiens, leurs différentes qualités, leurs défauts, leurs aptitudes particulières. Sans cette connaissance, pas de vénerie possible; chaque pas compte une erreur de plus. Dans certaines circonstances graves, alors que le veneur semble dérouté, il doit parfois avoir plus de confiance dans ses bons chiens que dans lui-même. Si nous avons plus d'intelligence, le chien a son instinct, et pardessus tout un odorat merveilleux. Le veneur qui débute doit donc observer ses clefs de

meute; il apprendra mieux que dans les livres l'art de la
vénerie en voyant chasser ses bons chiens.

Il faut très rarement *enlever* ses chiens; outre que la
meute est exposée par ce fait même à prendre le contre ou
à partir sur un change, on rend de la sorte ses chiens légers
et volages. Si le temps est mauvais, que vous chassiez un
chevreuil forlongé, et dont la voie refroidie ne laisse à la
meute que la perspective d'une retraite manquée, aidez-vous
de tous les renseignements possibles, et alors marchez de l'a-
vant; vous jouez votre va-tout, il est vrai, mais aussi vous
avez quelque chance de réussir. J'ai vu maintes et maintes
fois des chevreuils relancés, après trois ou quatre heures,
soit de forlongers, soit de défauts, relevés à force de travail,
de persistance et d'énergie : une charmante fin de chasse
récompensait amplement la constance du maître d'équipage.

Le *bon veneur* sonnera près de ses chiens, et quand ceux-
ci chasseront franchement, il évitera de sonner trop loin
des chiens, de peur que, sur un balancer ou sur un retour,
la meute ne rallie à la trompe, hors de la voie.

Pour avoir une meute souple, bien mise, *très ajustée*, le
maître d'équipage doit faire arrêter tout chien séparé; si ce
chien a coupé un retour, le piqueur le tiendra sous le fouet
en sonnant des *bien-aller* jusqu'à ce que la meute ait rallié;
quand toute la meute a rejoint, et qu'elle a été tenue sous le
fouet pendant quelques secondes, le piqueur laisse le champ
à son ardeur et sonne un *bien-aller*. C'est un parfait moyen
d'apprendre aux chiens à s'arrêter facilement, à se calmer,
à chasser plus sagement. Par ce moyen, les vieux chiens
ont le temps de prendre haleine et d'arriver au secours des

jeunes chiens, si le change vient à se présenter. Pour le maître d'équipage et pour ses invités, ce spectacle est plein d'intérêt; l'assemblée est en outre assurée, tous les chiens étant bien ralliés, de jouir d'une musique et d'un ensemble parfaits : la chasse n'est, à mon avis, amusante qu'à cette condition.

Beaucoup de gens chassent; mais les veneurs sont rares. Bien peu étudient les vrais principes, pratiquent surtout par eux-mêmes ce noble exercice. Les amateurs qui suivent les laisser-courre de leurs voisins me permettront de leur donner un conseil d'ami. En lisant avec attention quelque bon livre de vénerie, en s'inspirant d'avance des meilleures méthodes, ils prendront plus d'intérêt à la chasse, deviendront aptes à se rendre utiles, sauront apprécier les qualités et les défauts des veneurs et de leurs chiens, en un mot, *s'amuseront à la chasse.* Le maître d'équipage, aidé de compagnons instruits, prendra, lui aussi, un plus vif intérêt aux succès de sa meute.

LIVRE QUATRIÈME

CHAPITRE PREMIER

DESCRIPTION DU CHEVREUIL.

Le chevreuil est un animal léger de corsage, élégant, plus petit que le cerf, mais ayant avec lui une certaine ressemblance. Il broute les pousses de genêts, de bourdaine, de bruyère, les chatons de saule, les feuilles tendres du lierre et du chèvrefeuille, ce qui lui a valu le nom de chevreuil, par analogie avec les habitudes de la chèvre.

Le chevreuil, à l'état adulte, mesure environ 70 à 80 centimètres de hauteur sur une longueur totale de 1ᵐ,20 à 1ᵐ,30; son poids vif peut être évalué de 25 à 35 kilos, suivant son âge et son sexe.

Le brocard seul possède des bois; on rencontre parfois, dit-on, certaines vieilles chevrettes bréhaignes qui en portent. Je n'en ai jamais vu.

Le chevreuil a une tête élégante, l'encolure longue et fine, les jambes menues; il porte, sous la première jointure des pattes de derrière, un bourrelet couvert de poils : la couleur du chevreuil est d'un ton uniformément roux ou fauve clair ; cependant le dessus de la tête et le chanfrein sont plus foncés et presque noirs ; le menton est blanc ; les jambes et le ventre sont d'un fauve plus clair que le reste du corps.

En hiver son pelage est gris. Le vieux brocard porte alors sur le devant du cou une large tache blanche qui le distingue du jeune chevreuil. L'été, sa couleur est d'un roux vif et uniforme.

C'est en résumé un charmant petit animal et certainement, après le cerf, le plus élégant des hôtes de nos forêts.

TÊTES DE BROCARDS.

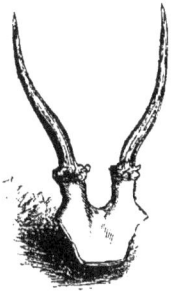

DAGUET.

DIX CORS.

VIEUX DIX CORS
TÊTE BIZARDE.

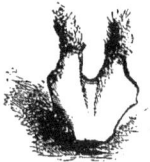

CHEVRILLARD.

VIEUX DIX CORS.

TRÈS VIEUX DIX CORS.

DEUXIÈME TÊTE.

CHASSE DU CHEVREUIL.

TROISIÈME TÊTE.

QUATRIÈME TÊTE.

18

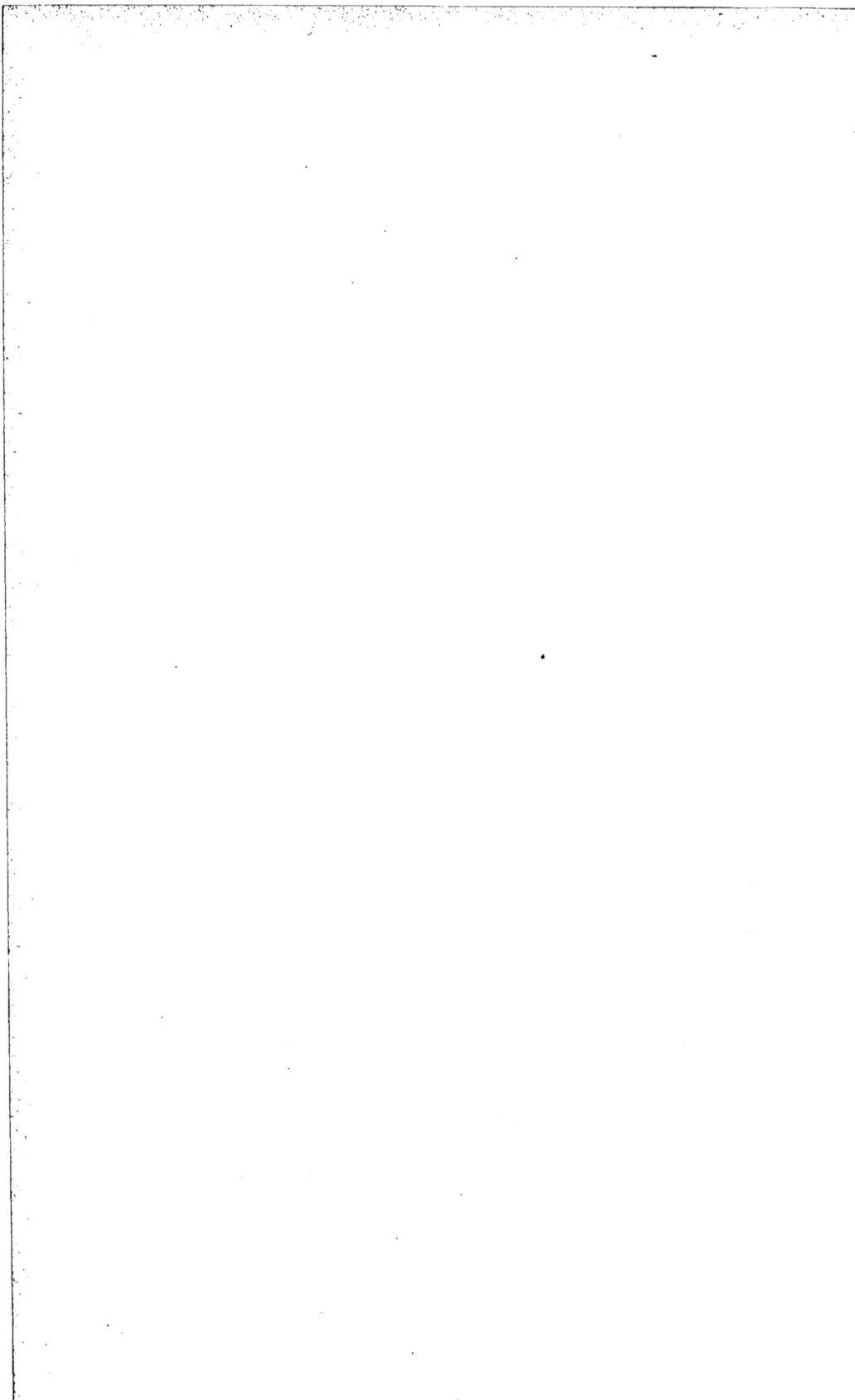

CHAPITRE II

Le Verrier de la Conterie nous dit que le chevreuil est doux, familier, et que, lorsqu'il a été élevé jeune, il vous suit comme un chien; « mais qu'il est brave au point de livrer bataille à un cerf *dix cors*. Dans le combat il n'oppose pas sa petite tête à celle du cerf; il la coule sous le ventre de ce dernier et lui porte de si furieux coups d'andouillers, qu'il l'oblige de fuir, souvent même le blesse à mort. » Son caractère est gai, folâtre et rusé; il est aussi très curieux : j'ai ouï dire maintes fois que les braconniers de la forêt de Chinon tuaient beaucoup de chevreuils *sans chiens* de la manière suivante. Ils fouillent sans faire de bruit les enceintes fourrées, et lorsqu'un chevreuil a faré devant eux, ils restent immobiles : au bout de quelques instants le chevreuil ne tarde pas à retourner sur ses pas pour regarder, souvent de très près, quelle a été la cause de son effroi; une main sûre, un fusil armé d'avance ne tardent pas à faire payer cher au pauvre animal sa folle curiosité.

Dans son excellent traité de la chasse à courre, Le Verrier de la Conterie confirme le fait; dans le chapitre qui traite

de la manière de détourner un chevreuil, procédé que j'indique ici comme étant le seul vraiment rationnel, en dehors
de la méthode que nous avons généralement cru devoir
adopter dans l'Ouest, je lis ces lignes suivantes :

« Je fais suite, dit-il, jusqu'à ce que mon chevreuil soit
« lancé, et aussitôt debout je brise et me retire. Il ne faut
« pas qu'au *lancer* le limier donne le moindre coup de
« gorge, parce qu'alors le chevreuil, assuré qu'un chien le
« poursuit, fuirait en avant, et l'on aurait peine à le ren-
« fermer dans une autre enceinte ; mais quand il n'a bondi
« qu'au bruit qu'on fait ordinairement en *brossant*, il n'a
« nulle autre inquiétude qu'une espèce de curiosité qui le
« prend, un moment après, de voir ce qui lui a donné lieu
« de bondir : ne trouvant rien qui lui fasse ombrage, il
« croit avoir eu peur mal à propos, et se remet à vingt pas
« d'où il était. »

Le chevreuil vit en famille avec sa chevrette et ses faons ;
ils vont peu au gagnage comme les cerfs, donnent quelquefois cependant dans les trèfles et les blés ; mangent des
glands, des faînes, et des fruits sauvages, boivent rarement,
surtout quand la rosée de la nuit a été abondante.

En hiver, ils se plaisent dans les forêts garnies de genêts,
de bruyères et de ronces ; ils préfèrent les coteaux exposés
au midi, contre lesquels ils s'abritent du froid ; au printemps,
ils se mettent dans les taillis de deux ou trois ans pour y
viander des pousses nouvelles, de la bourdaine surtout dont
ils mangent avidement au point d'en être *enivrés :* on les
voit alors quitter les grandes forêts, courir les champs, se
remettre dans les petits boqueteaux et se faire tuer facilement
par les braconniers.

Les chevreuils ont les mêmes maladies que les cerfs. La diarrhée, la consomption sont leurs affections les plus communes. Quand ils se multiplient par trop, ils meurent d'anémie et d'appauvrissement du sang, et c'est ainsi que j'ai vu de petites forêts et des parcs entièrement dépeuplés.

Les principaux ennemis du chevreuil sont les loups, les renards, les chats sauvages qui tuent souvent les jeunes faons.

Lorsqu'il est trop multiplié, le chevreuil fait au bois un tort considérable en broutant les jeunes taillis jusqu'à deux ans : il déterre avec ses pieds les glands de semis et fait tort aux jeunes sapins en y frottant continuellement sa tête et en mangeant les pousses pendant l'hiver.

Quant à la chair du chevreuil, chacun sait à quel point elle est appréciée par nos gourmets.

Le rut du chevreuil n'a lieu qu'une fois par an, et commence vers la fin de juillet; il dure environ quinze jours. Les chevreuils sont beaucoup plus tranquilles que les cerfs; ils ne rayent pas et se battent rarement.

La Conterie dit que le brocard se contente de sa chevrette, et qu'il est *si fidèle* qu'il ne quitte pas sa compagne, qu'il est payé du plus tendre retour, récompense de sa fidélité. Il ajoute que la chevrette « aime si fort son époux que, lorsqu'il est poursuivi par des chiens, elle se livre elle-même pour le dégager ».

— Cette opinion est fort contestée de nos jours; j'ai vu pour ma part, dans le parc d'Ussé en Touraine, quatre chevrettes renfermées avec un brocard, et avoir toutes des faons.

Cinq mois et demi après la saison du rut, la chevrette

met ordinairement bas un, deux, rarement trois *faons*.
Cinq ou six jours avant de faonner, elle quitte son brocard,
et se choisit un lieu épais et peu fréquenté, où elle puisse
faire ses petits à l'abri des chiens, des loups et surtout des
renards, leurs plus mortels ennemis.

« Quinze jours écoulés d'une absence la plus cruelle, dit
« encore Le Verrier de la Conterie, elle revient trouver à
« la tête de sa petite famille le plus tendre et le plus fidèle
« des époux; la joie succède à la douleur; tantôt il caresse
« la mère, bientôt ses enfants ont leur tour; en un mot il
« prend d'eux un soin tout particulier. Tandis que la mère
« les allaite, il monte la garde autour de leur demeure, et
« si malheureusement les chasseurs les y attaquent, on voit
« ce bon père se livrer aux chiens, fuir d'abord lentement
« pour les *ameuter* à ses trousses; après quoi il fait une
« fuite extrêmement longue pour les tirer du canton où il a
« laissé sa femme et ses enfants. »

Les jeunes faons portent, en naissant, la livrée comme les
cerfs : ils sont d'un brun rouge tacheté de blanc; après
quinze jours ils ont pris assez de force pour suivre leur
mère qui les ramène alors auprès du brocard. La mère les
allaite pendant quatre mois, les cache dans les endroits les
plus fourrés, et les protège vaillamment contre leurs cruels
ennemis; elle se donne aux chiens comme le brocard
pour les sauver et les défendre. A l'âge de dix ou onze
mois les jeunes chevreuils quittent leurs père et mère et
courent, à leur tour, fonder une nouvelle famille.

CHAPITRE III

A la fin de la première année, la tête du jeune brocard commence à s'orner de deux petites dagues très minces et peu élevées, appelées *broches*. Ils les jettent à deux ans; chaque année leur bois se renouvelle.

Au mois de novembre, les chevreuils muent et mettent bas leur tête; dans les premiers jours de décembre elle commence à *se refaire :* jusqu'en mars, on dit de leur tête qu'elle est *en velours*. Les brocards *touchent* alors au *bois*, vont aux *frayoirs*, et font tomber *leurs lambeaux*; après quoi la nature prend le soin de brunir leur tête.

Au commencement de la troisième année, chaque perche jette en avant un andouiller à 7 ou 8 centimètres de la meule.

Les années suivantes, les bois continuent à grossir, les andouillers allongent jusqu'à ce que le brocard devienne *dix cors*. On reconnaît la vieillesse d'un chevreuil par le merrain qui est *haut*, *gros* et bien *perlé*; la *meule* est *large*, bien *pierrée*, et près du *têt :* quelquefois, mais par exception, les bois du chevreuil portent plus de trois andouillers.

On ne peut tirer aucun indice certain de l'âge du chevreuil,
par le nombre de ses andouillers. Bien plus, à mesure que
le brocard avance en âge, la hauteur et le nombre des andouillers diminuent. S'il parvient à la vieillesse, il n'a plus
ordinairement que deux grosses dagues souvent recourbées
en avant ou en arrière, ou des têtes *bizardes* dont le merrain est gros et les andouillers très peu développés : enfin
les deux meules, comme chez le cerf, se *touchent, s'abais-
sent*, deviennent *larges* et épaisses.

Tant que la tête du chevreuil est molle, pendant les mois
de décembre et de janvier, elle est extrêmement sensible; ce
qui explique pourquoi les brocards, à cette époque de l'année, débuchent très fréquemment en plaine. La douleur que
le choc fréquent de leurs bois en velours contre les taillis
leur occasionne, les oblige à quitter presque toujours leurs
demeures peu de temps après le lancer. Cette remarque
est bonne à noter pour les chasseurs de chevreuil.

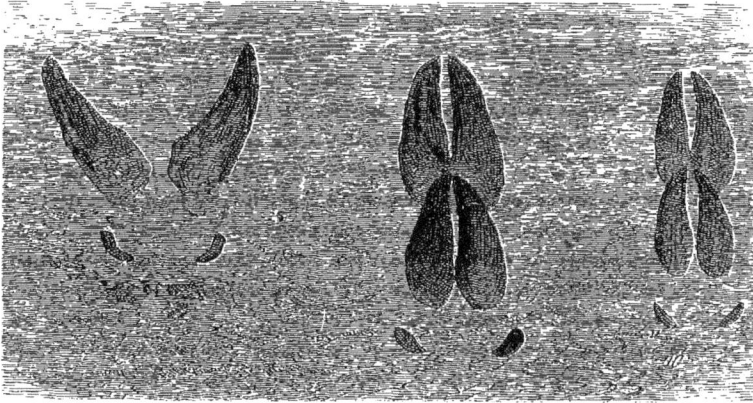

No 1.

BROCARD FUYANT.

No 2.

BROCARD MARCHANT
D'ASSURANCE.

No 3.

JEUNE BROCARD
OU CHEVRILLARD.

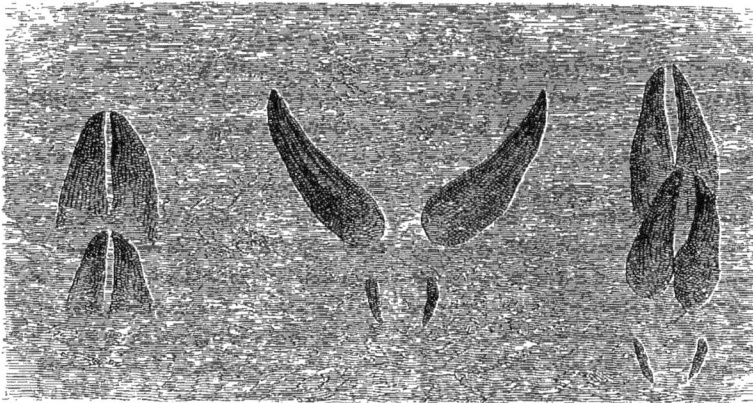

No 4.

CHEVREUIL SUR SES FINS.

No 5.

CHEVRETTE CHARGÉE
FUYANT.

No 6.

JEUNE CHEVRETTE
MARCHANT D'ASSURANCE.

CHASSE DU CHEVREUIL.

CHAPITRE IV

DU PIED DU CHEVREUIL ET DE LA MANIÈRE DE LE JUGER

PAR CETTE CONNAISSANCE.

« Les chevreuils se jugent au pied comme les autres ani-
« maux; cependant les plus habiles gens conviendront qu'un
« brocard qui n'est pas au moins à sa troisième tête est très
« difficile à distinguer de la vieille chevrette; mais à sa
« quatrième tête certains connaisseurs se trompent rare-
« ment; car il a *plus de pied devant que derrière;* les *pinces*
« sont plus *rondes*, le *talon plus gros*, la jambe plus large,
« les os *mieux tournés*, les allures plus grandes et plus
« régulières que la chevrette qui a le *pied creux*, les *côtés*
« *tranchants*, les *pinces fort pointues*, et qui *se méjuge*
« toujours.

« Pour bien juger les chevreuils, il faut qu'il fasse *très*
« *beau revoir*, car cet animal est si léger et si alerte, qu'à
« peine il touche la terre. Une connaissance qui n'est pas à
« négliger, sont les *régalis*. Quand, en faisant suite, votre
« chien vous en remontre dans les voies, vous pouvez être
« sûr que c'est d'un brocard. »

(LE VERRIER DE LA CONTERIE.)

Les connaissances qu'on tire de la tête du chevreuil ne peuvent servir que quand on voit l'animal par corps; il faut s'attacher au jugement par le pied, qui est essentiel, mais qui est aussi un des jugements les plus délicats de la vénerie.

Il est très difficile de distinguer le pied du brocard de celui de la chevrette, surtout les jours de mauvais revoir. Les jours de beau revoir, on peut arriver à distinguer à peu près sûrement le pied d'un brocard, à sa quatrième, cinquième et sixième tête, du pied d'une chevrette.

Un chevreuil de cet âge a plus de pied devant que derrière; il a les pinces plus rondes, le talon gros, la jambe plus large, les os plus gros et plus tournés en dehors que la chevrette qui a le pied creux, les côtés tranchants, les pinces pointues et les os moins tournés en dehors. Quand un chevreuil est dix cors et qu'il habite une forêt pierreuse et sablonneuse, il a le pied fort usé, le talon à proportion, les pinces rondes, les os gros, usés et bien tournés en dedans, et les côtés usés au niveau de la sole; devenu vieux chevreuil, il se ravale, et la jambe lui rétrécit, proportion gardée, comme aux très vieux cerfs.

On juge aussi les chevreuils par les allures. Celles des brocards sont régulières, et ils placent leurs pieds à une distance égale. Les jours de beau revoir, on a souvent un pied de chevrette à côté de celui du brocard pour faire la comparaison, ces animaux aimant surtout à vivre en société.

La connaissance du pied fait distinguer facilement le faon, le daguet, le vieux chevreuil; mais, pour un brocard isolé, la connaissance est très difficile, et là, plus qu'ailleurs, le piqueur prudent doit dire : « Je le soupçonne ou je le crois brocard. »

Les chevreuils ont très communément des connaissances au pied, ce qui devient fort utile.

C'est ici le lieu de parler de la connaissance du pied pendant le cours de la chasse, indication de la plus haute importance pour le veneur sérieux.

Au lancer, le chevreuil bondit et court légèrement; les pinces du pied s'écartent, mais les os de la jambe marquent peu; après une heure de chasse vive, le chevreuil, même celui qui marche d'assurance, appuie fortement sur le talon; la jambe et les os portent, et les pinces écartées laissent apercevoir la forme complète du pied. Vers la fin de la chasse, au contraire, le chevreuil malmené a les pattes raides; il marche comme un cheval fourbu, piqué droit sur le bout des pinces; le pied se resserre tellement qu'on ne distingue guère, surtout si l'animal marche au pas, que l'extrémité des deux pinces; les os et la jambe ne portent plus par terre; on peut à peine reconnaître le pied de son animal de chasse : dès lors le chevreuil ne peut tarder à être pris.

Pendant que nous chassions à Chinon, le vieux Blaise, piqueur de M. le comte J. de Puységur, aimait à suivre les laisser-courre du général de la Rochejaquelein. Combien de fois, en regardant le vol-ce-l'est du chevreuil de chasse, ne nous a-t-il pas dit : « Allons, Messieurs, si vous continuez à le malmener de *la sorte*, l'animal en a encore pour *un quart d'heure*, ou pour *vingt minutes*, ou pour *une demi-heure*. » Doué d'un merveilleux esprit d'observation, le père Blaise a toujours causé l'admiration de tous ceux qui ont connu ce célèbre piqueur. Il a formé MM. de Puységur, et c'est tout dire.

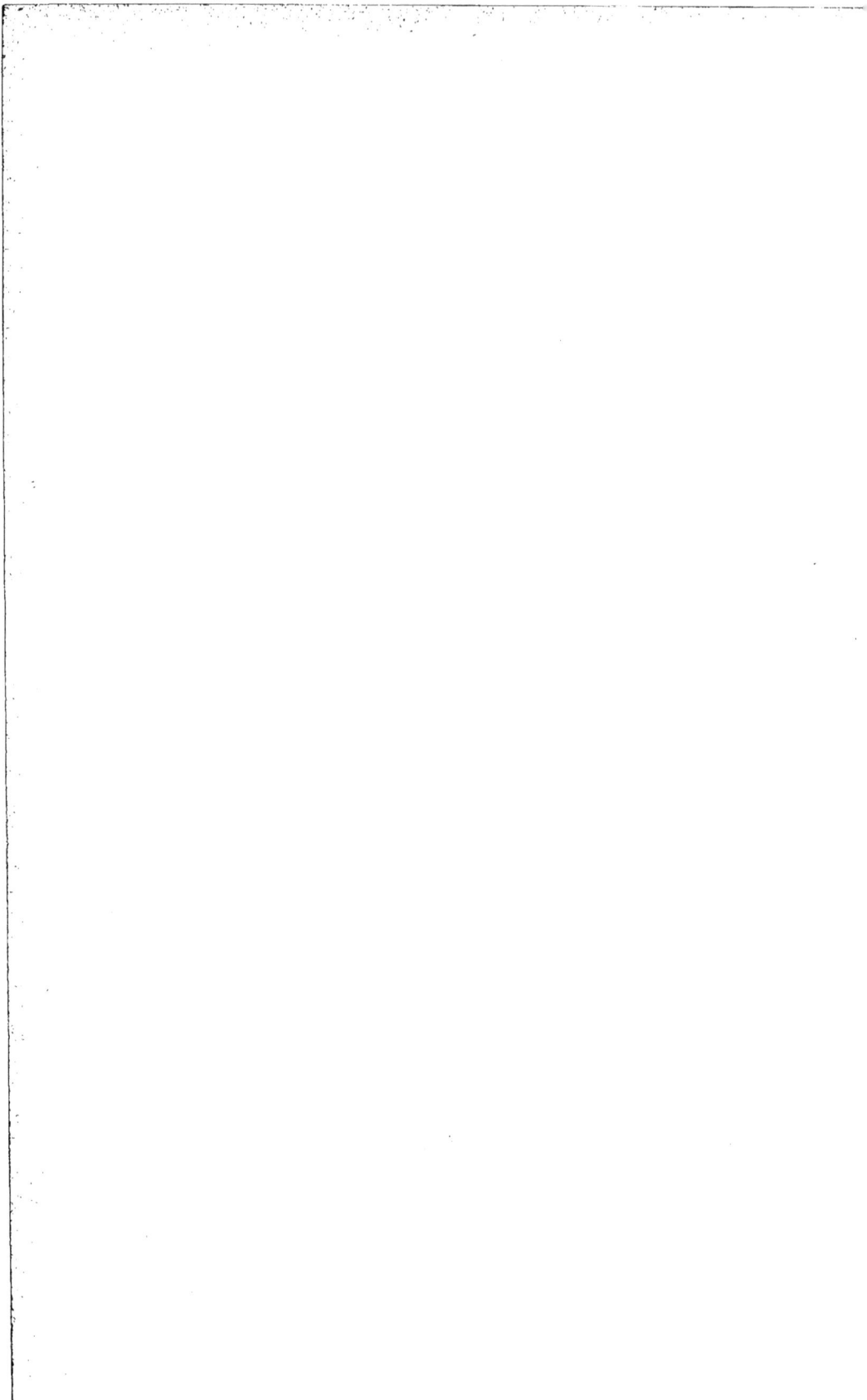

LIVRE CINQUIÈME

———

DE LA MANIÈRE DE CHASSER ET DE FORCER LE CHEVREUIL

Je suppose que votre équipage se compose de vingt-cinq chiens de bonne race, actifs, requérants, intelligents et vigoureux; que vous ayez une santé robuste, et par-dessus tout le *feu sacré*, de solides compagnons de chasse, un piqueur intelligent, sage et prudent : si vous ne tenez pas à choisir un brocard, attaquez de meute à mort avec tout l'équipage; du premier coup de collier dépend ordinairement le succès. Souvent la meute se divise, deux ou trois animaux bondissant à la fois; ameutez vivement, en faisant rallier les chiens épars au gros de la meute, de peur qu'un chevreuil, échauffé par quelques chiens vigoureux, ne rende plus tard le change difficile à maintenir. La première randonnée, par un beau temps surtout, est assez vive, et généralement les difficultés sérieuses ne surgissent qu'au bout d'une heure.

L'animal fait d'abord retours sur retours. Ne quittons pas les chiens de tête; s'ils accusent la double voie en plein fourré, dans un endroit où la portée soit suffisante, nul doute que le chevreuil ne se soit replié sur les arrières. Prenons nos retours au petit trot, en sonnant et en encourageant les chiens. Si, au contraire, la meute s'arrête sur le bord d'une ligne ferrée, d'un fossé plein d'eau, d'une clairière et d'une route fréquentée, elle est exposée à *suraller* la voie; le travail sur les devants est indiqué tout d'abord. Dans le cours de la chasse, gardons-nous, surtout au premier balancer, de crier *au retour* légèrement et sans nous rendre compte de la cause de l'hésitation des chiens; défaut trop commun à nombre de chasseurs, intelligents cependant, qui croient que le chevreuil n'a pas d'autre ruse que de retourner en arrière. Heureux le veneur qui possède dans son équipage trois ou quatre chiens qui commencent, d'abord, par travailler sur les devants; ces chiens feront forcer nombre de chevreuils, et dresseront *maître* et *piqueur*.

Le chef d'équipage ne doit jamais laisser au seul piqueur le soin de suivre de près la meute; il est indispensable d'être deux au moins à la queue des chiens; j'ajoute qu'il est très utile d'être trois. Avec un équipage habitué à chasser le chevreuil, il arrive sans cesse que les retours sont coupés par des chiens qui les éventent, soit en chassant par la voie, soit en ralliant à la tête. Si trois cavaliers serrent les chiens de près, un des chasseurs suit les chiens qui continuent à chasser la voie droite jusqu'à l'endroit où le retour a eu lieu, l'autre sert les chiens qui ont coupé le crochet, le troisième aide le premier à faire rallier à la tête les chiens tombés à bout de voie.

C'est ici le moment de remarquer que le chevreuil a l'habitude, s'il commence à faire ses retours par la droite ou par la gauche, de continuer ainsi pendant toute la chasse : cette observation est importante.

Depuis deux heures, les chasseurs suivent de près la

La promenade.

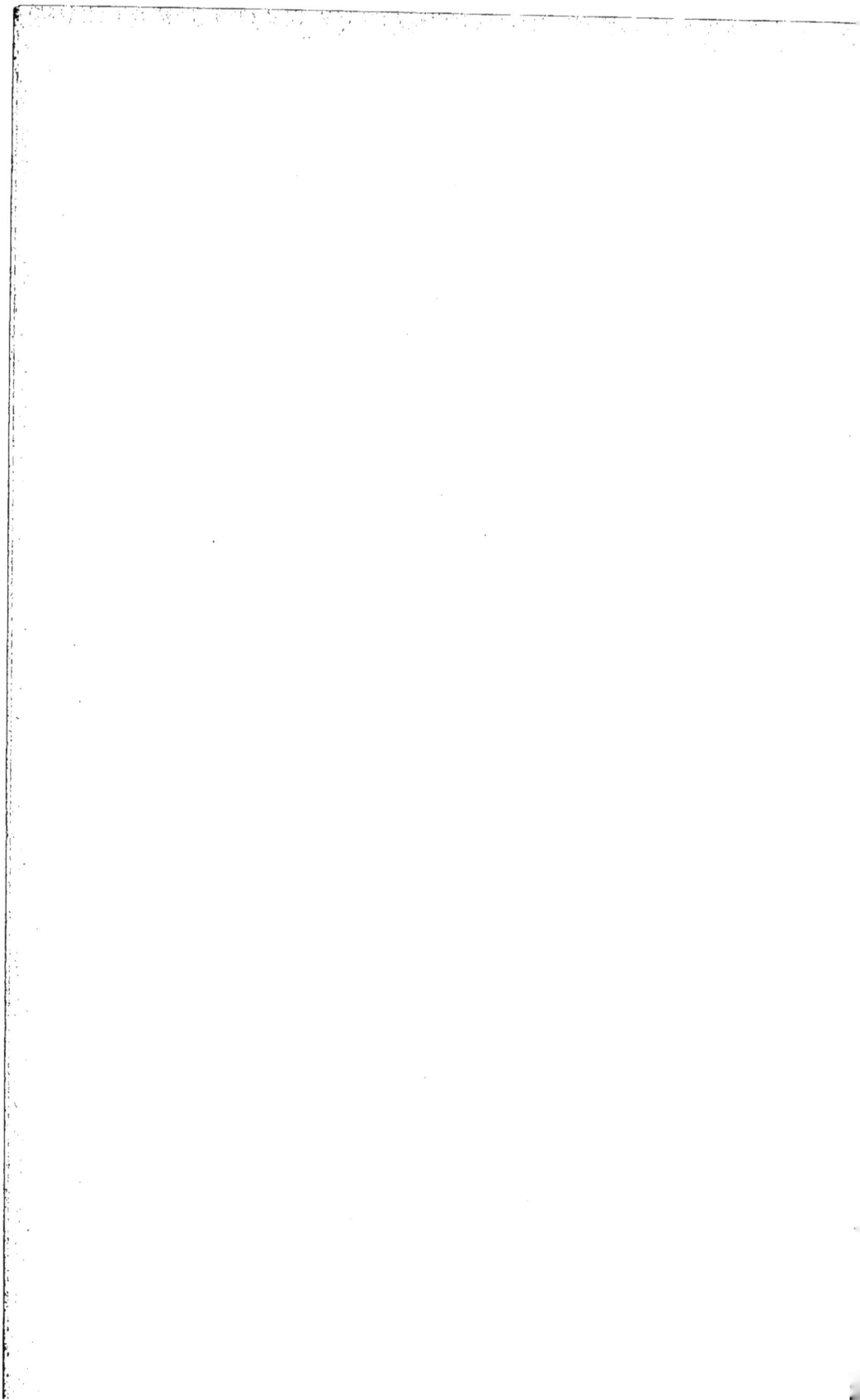

meute; les retours sont vivement coupés; l'animal semble à
bout de forces : quelques jeunes chasseurs sonnent déjà l'hallali courant. Le chevreuil est-il donc si près de ses fins? Il a
encore dans *son sac* quatre bonnes ruses dont il se sert parfois avec une intelligente ténacité : les *doubles voies*, le *bat-
l'eau*, le *change* et *l'accompagner*.

Avant d'avoir entendu le cri de détresse du chevreuil, nul
ne peut donc se flatter d'un hallali certain.

§ 1. — *Des doubles voies.*

On dit qu'un chevreuil reprend sa double voie : 1° quand
l'animal se *met sur le ventre*, laisse passer les chiens et revient en arrière sur le contre de la voie chassée; 2° quand,
après avoir fait un demi-cercle, il revient également en arrière sur le contre de sa voie. Cette ruse est fréquemment employée par le chevreuil, par la chevrette surtout, et avec
succès souvent. Dans ce cas, l'intelligence du veneur peut
seule suppléer à la finesse d'odorat de ses meilleurs chiens.
L'équipage, trouvant une voie déjà foulée, s'arrête généralement; le chasseur qui peut tenir ses chiens *à la botte* s'aper-
cevra facilement de la ruse de l'animal; mais, si les difficultés du terrain l'empêchent de suivre de près ses chiens, il
doit avoir soin de se mettre toujours sous le vent de chasse,
et d'avoir l'oreille constamment tendue. De cette façon, il
pourra s'apercevoir peut-être de ce grave embarras. Il doit,
dans tous les cas, aussitôt qu'il en a la connaissance, sonner
des retours le plus près possible de la voie chassée, et longer
les doubles voies *indéfiniment*, c'est-à-dire jusqu'à l'endroit

où il pourra reconnaître le vol-ce-l'est d'aller. Si le vol-ce-
l'est de retour n'est pas marqué, il est clair, ou que l'animal
est remis sur le côté, ou qu'il a fait un crochet que les chiens
n'ont pas relevé. Le veneur expérimenté travaillera vivement sur les deux côtés de la voie, en commençant par le
côté sur lequel le chevreuil fait habituellement son retour.
C'est le moyen de ne pas perdre de temps et de relever facilement ce défaut. C'est ici le lieu de remarquer que le chevreuil qui refait ses mêmes erres, pendant le laisser-courre,
est certainement le chevreuil de meute. Cette observation est
une indication précieuse dont on doit tenir bonne note.

Le chien qui a connaissance de la double voie, qui la dé-
mêle en criant, est fort rare : c'est une perle précieuse pour
un équipage de chevreuil, dans les forêts surtout où l'on ne
peut servir ses chiens.

La finesse de son nez, et surtout son instinct naturel, peuvent seuls apprendre au chien de bonne race à triompher
d'une semblable difficulté : le dressage, même le plus suivi
et le plus intelligent, ne peut y suffire. Il y a des chiens
chauds de gueule qui crient toujours sur les retours; ils sont
très dangereux, quand surtout une double voie se présente,
parce qu'ils maintiennent le chasseur dans l'incertitude; on
doit les réformer sans pitié.

§ 2. -- *Du bat-l'eau.*

A l'époque où, mon frère et moi, nous chassâmes pour la
première fois le chevreuil dans la forêt dè Chinon, nous
étions très préoccupés de deux petits ruisseaux dont les ve-

neurs du lieu nous avaient sans doute exagéré la difficulté :
le Regeau en basse forêt, et la Vaunoire en haute forêt.
Sur plus de cent chevreuils attaqués et presque tous pris
gaillardement, un seul fut manqué à l'hallali courant
dans la Vaunoire. A part cet insuccès, nous n'avons jamais
eu à nous plaindre de ces deux ruisseaux, d'un cours très
borné, et par suite à peu près inoffensifs.

Les seules difficultés vraiment sérieuses que j'aie rencon-
trées dans ma carrière de veneur, et qui jusqu'ici ont décou-
ragé nombre de chasseurs, ce sont les canaux multiples du
Gâvre, splendide forêt de 4,500 hectares, aux portes de Blain
dans la Loire-Inférieure. Les canaux qui la sillonnent se bi-
furquent en tous sens, et se réunissent plus loin pour former
à la sortie de la forêt, de petites rivières; ils sont en général
très proprement entretenus. Leurs bords, à pic, débarrassés
des plantes adventices qui les obstruent pendant l'été, ne
laissent aucun sentiment à l'odorat des chiens.

De plus, à moins d'une succession assez longue de jours
pluvieux, l'eau coule en général doucement sur un lit de
cailloux roulés, à une hauteur moyenne qui varie de 20 à
25 centimètres. C'est alors que les ruses dans l'eau sont les
plus dangereuses, l'animal pouvant également suivre les
canaux *en amont* ou *en aval*. Quand, au contraire, ces canaux, qui mesurent ordinairement 3 mètres de largeur sur
1 mètre de profondeur, sont convertis, par l'effet des pluies,
en petits torrents, le veneur voit sa besogne simplifiée de
moitié; le chevreuil, forcé de nager, se laisse aller presque
toujours au cours précipité du ruisseau.

Le maître d'équipage, qui chasse le chevreuil au Gâvre,
que doit-il donc faire quand la meute arrive à un canal?

Je suppose toujours que son piqueur et lui n'ont pas quitté la tête des chiens, et qu'ils arrivent au canal en même temps que la meute; la présence de deux hommes sérieux est indispensable. Ou le chevreuil a de l'avance et les chiens arrivent au canal en forlonger, ou il est près des chiens et mené vivement. Si le chevreuil a de l'avance, il peut avoir fait quatre tours de son métier : 1° avoir sauté le canal et piqué en avant; 2° avoir fait un retour sur les arrières; 3° avoir longé le canal en amont si la profondeur de l'eau le lui permet; 4° avoir descendu le ruisseau.

Le fin chasseur, après avoir laissé à ses chiens le temps de prendre leurs *devants*, fera, sans hésiter, retourner *en arrière* son piqueur jusqu'à ce qu'il ait trouvé le vol-ce-l'est d'aller. Le piqueur examinera alors avec soin si le pied de retour est marqué sur le vol-ce-l'est d'aller. Pendant ce temps, le maître d'équipage longera le canal, soit en amont, soit en aval, suivant en cela sa propre inspiration. Si le piqueur ne trouve pas la voie sur le retour, et que le défaut n'ait pas été relevé par le maître d'équipage qui aura travaillé *en amont*, par exemple, il descendra le cours de l'eau le plus vite possible, en commençant à l'endroit même où les chiens sont tombés à bout de voie. En travaillant de la sorte, le défaut sera relevé vivement et sûrement.

Les chiens qui marquent la voie dans une eau claire, qui n'offre aucune portée, sont fort rares; ils s'y habituent cependant beaucoup plus aisément qu'aux ruses des doubles voies. J'ai vu au Gâvre des chiens relever merveilleusement les défauts dans l'eau. Rien n'est beau comme de voir cinq ou six chiens sûrs, criant gaiement et galopant à l'envi dans les canaux. La meute les suit en courant sur les bords, s'é-

lance à chaque instant dans l'eau, et, n'ayant pas connaissance de la voie, bondit sur les berges jusqu'à ce que les
chiens qui travaillent sur les côtés aient redressé la sortie de
l'eau. La meute, joyeuse de retrouver la voie de son animal,
repart avec une ardeur toute nouvelle : les trompes sonnent
gaiement *la sortie de l'eau*. Ce moment est toujours un des
plus intéressants de la chasse du chevreuil.

Si, au contraire, l'animal *n'a pas d'avance*, il n'a ni le
temps ni la volonté de faire un retour; ou il bondit par-
dessus le canal, et alors l'équipage n'hésite pas et empaume
facilement la voie de l'autre côté, ou il le longe, soit en
amont, soit en aval; deux hommes, dans ce cas, travaillant
au trot, l'un en remontant, l'autre en descendant le cours
de l'eau, suffisent pour avoir promptement raison de cette
difficulté. L'ardeur des chiens qui sentent leur animal très
près d'eux leur aide singulièrement dans cet important travail. Ce mode d'agir m'a presque toujours réussi; je n'en
connais, en conscience, aucun autre. A ceux qui voudront
bien croire que je ne mets aucune prétention à émettre cet
avis personnel, je dirai loyalement : « Faites-en l'essai. »
Quelques veneurs se serviront certainement de ces indica-
tions, et s'en applaudiront, je n'en doute pas : je m'esti-
merai trop heureux si, dans un cas aussi périlleux, je leur
ai rendu service.

§ 3. — *Du change.*

Il existe une très grande différence entre le chien qui
garde le change sur le cerf et le chien qui garde le change

sur le chevreuil : le premier se rencontre journellement et dans tous les bons équipages de cerf, le second est infiniment plus rare; cela s'explique par la grande différence qui existe entre le sentiment que laissent ces deux animaux. L'odeur du premier est beaucoup plus forte; celle du second a beaucoup plus d'analogie avec le sentiment du lièvre : elle est donc infiniment plus légère.

Le chien qui garde le change, le garde, à mon avis, par *la finesse seule de son odorat*, qui lui fait distinguer la différence des effluves de l'animal échauffé d'avec celles qui s'échappent du corps d'un animal qui vient d'être lancé. J'ai été cent fois à même d'apprécier la valeur de cette assertion. Un chevreuil frais bondit, pendant la chasse, au nez des chiens de tête et sur un endroit découvert; j'ai vu souvent les meilleurs chiens faire quelques pas à sa suite, et pendant tout le temps que l'animal était à vue. A peine le chevreuil était-il entré au fourré, que le chien *sûr de change*, s'arrêtait aussitôt, *prenait à la branche*, goûtait la voie et la refusait net : son odorat était donc son seul guide, puisque la finesse même de sa vue avait été mise en défaut.

Mais comment le maître d'équipage s'aperçoit-il du change? Comment le redresse-t-il? Comment peut-il former des chiens de change?

Si le maître d'équipage est assez heureux pour posséder des chiens de change, il s'aperçoit immédiatement du change, ses chiens s'arrêtant et refusant la voie. Dans le cas contraire, il peut encore reconnaître le change quand, en suivant ses chiens de près, il voit les meilleurs mollir et céder la tête aux plus jeunes.

J'ai dit ailleurs que la connaissance du pied était indis-

Reposée.

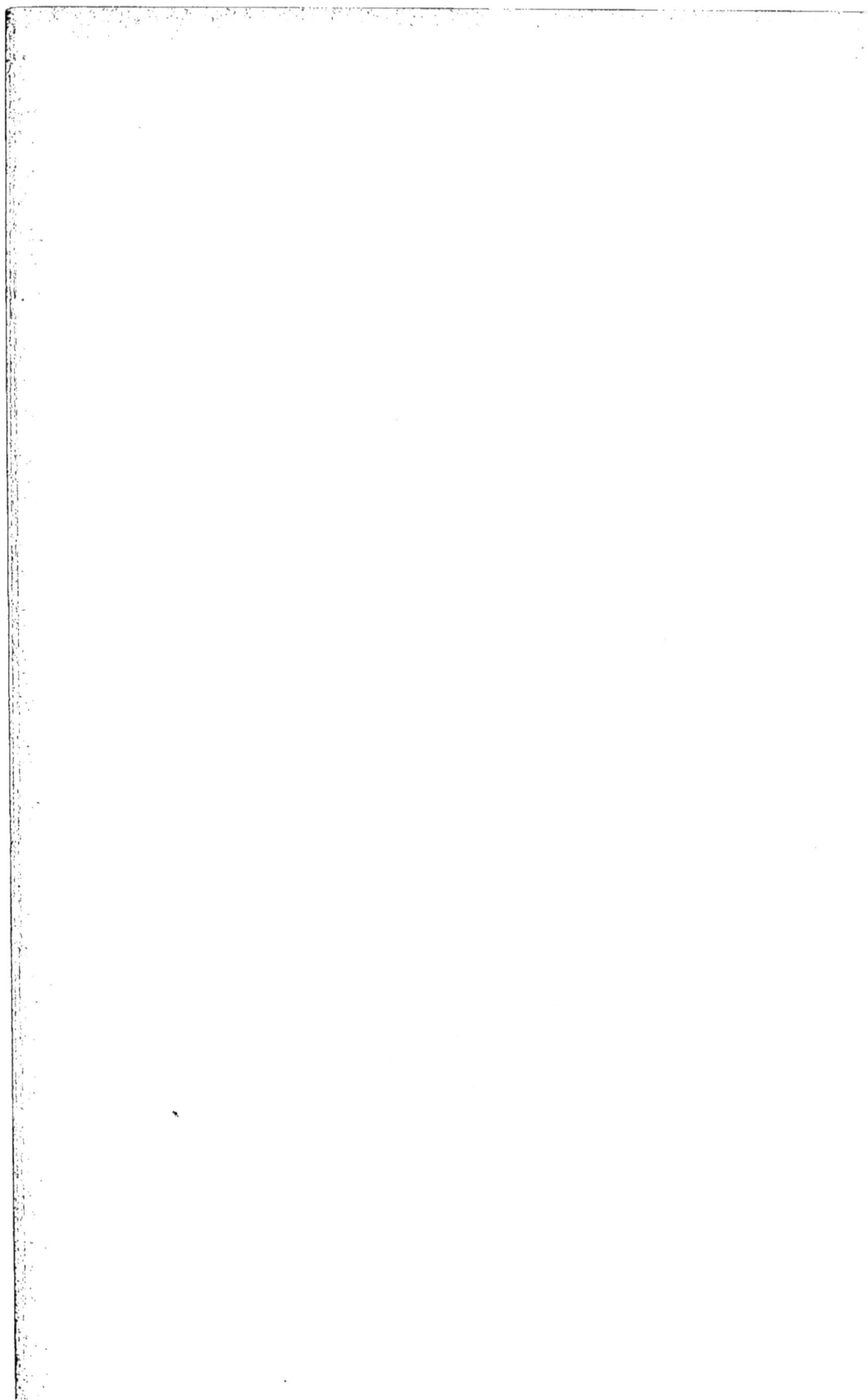

pensable; cette science est surtout utile quand on ne possède pas de chien de change. Le bon veneur s'assurera donc du pied le plus souvent possible pendant le cours de la chasse; de cette façon, il pourra parfois reconnaître le change. Son devoir est alors d'arrêter la meute, et d'essayer de relever la voie sur les devants, les arrières et les côtés. Aussitôt que les vieux chiens la *reconnaîtront*, ils reprendront d'eux-mêmes leur rang, porteront la tête, chasseront plus gaiement que les jeunes. C'est encore un des moments où le véritable veneur éprouve le plus de jouissance : l'intelligence et l'ardeur de ses braves chiens le récompensent amplement de son travail.

Si, comme il arrive parfois, le chevreuil a disparu, s'est évanoui en quelque sorte; si le change bondit de tout côté, et que les difficultés semblent insurmontables, vous n'avez qu'une seule ressource : ramenez au plus vite la meute à l'endroit même où, pour la dernière fois, vous êtes certain d'avoir eu la voie de votre animal de chasse. Vous avez quelque chance, ou de démêler la ruse du chevreuil, ou de le relancer près de l'endroit où il a fait bondir le change.

Avez-vous le bonheur d'avoir un ou plusieurs chiens de change? Ou, arrêtés sur la voie, ils reviendront dans les allées, indication déjà précieuse et qui suffit habituellement; ou ils travailleront d'eux-mêmes sur les devants, sur les côtés, sur les retours, agrandissant peu à peu leur cercle, jusqu'à ce qu'ils aient retrouvé leur voie. Tels ont été, parmi ces derniers, *Tintamarre, Débardeur, Saladine, Minos* à M. de la Débutrie; *Mousquetaire, Tamerlan, Traveller, Vilfort, Bellone*, etc., à mon frère et à moi; admirables chiens que la fortune d'un banquier juif ne saurait acquérir, qu'aucun dressage ne saurait former ! Aussitôt qu'un change avait lieu, ces chiens disparaissaient dans le fourré, sans s'occuper de la meute; ils reprenaient tout seuls la voie de leur animal de chasse sans qu'il fût nécessaire de leur aider. Avec de tels serviteurs un maître d'équipage est assuré du succès.

Heureux cependant et mille fois heureux le chasseur de chevreuil qui possède quelques chiens qui s'arrêtent d'eux-mêmes sur un change et rejoignent le cheval du piqueur.

Le *bon veneur*, assuré dès lors que sa meute chasse un change, suit les règles indiquées plus haut pour redresser la voie de son animal, soit sur les devants, soit sur les arrières, soit sur les côtés. Ce que j'ai dit déjà trouve ici son application toute naturelle.

Comment enfin former des chiens de change? Question ardue et qui ne peut se résoudre mathématiquement.

En Vendée, dans les quatre ou cinq équipages qui chassent le plus habituellement le chevreuil, il existe un assez bon nombre de chiens de change. Créancer à fond sa meute, chasser le plus souvent possible dans des *forêts vives*, suivre ses chiens de près et les observer, faire la plus grande attention au pied du chevreuil, à ses formes différentes pendant les diverses phases de la chasse, ne jamais permettre à ses chiens de chasser et surtout de *forcer* un change, mais sonner plutôt vingt fois de suite la retraite manquée, découpler *fréquemment* pour dompter la fougue de ses jeunes chiens : tels sont, avec le *temps* et la *patience*, les meilleurs moyens pour former des chiens de change. J'y mets encore une condition, et c'est la plus essentielle de toutes.

J'ai dit que jamais, d'un mauvais chien, on ne pouvait *en faire un bon*. Choisissez donc, non pas dans l'élevage peu raisonné des marchands de chiens attitrés de nos pays, qui

croisent indifféremment n'importe quelle lice de race trou-
blée et nullement suivie avec des chiens anglais de pur sang
dont ils ignorent même le *pedigree*, mais dans les *bons équipages de chevreuil*, la race qui vous convient pour cette chasse
spéciale si fine, si difficile. Autrement, croyez-en ma longue
expérience, le meilleur veneur s'expose à des mécomptes répétés et certains.

Si mieux encore, vous voulez chasser agréablement et dès
le début, par conséquent, ne gaspiller ni votre temps ni votre
argent, être récompensé de vos peines, *réussir* en un mot,
procurez-vous, *coûte que coûte*, au moins un chien de
change.

S'il est jeune et vite, ce sera le maître d'école de votre
meute; à lui seul il peut la former. S'il est vieux, en le dé-
couplant en relais, après une heure de chasse, alors que les
difficultés sérieuses commencent à surgir, il sera, malgré
son âge, l'espérance et le soutien du veneur qui débute,
le guide de ses compagnons sans expérience, l'élément le plus
assuré du succès.

§ 4. — *De l'accompagner.*

L'accompagner est la ruse du chevreuil la plus dange-
reuse pour le veneur expérimenté, par la raison bien simple
que les meilleurs chiens de change, sentant tout à coup une
voie fraîche, s'arrêtent généralement; d'où il suit que le chasseur (lorsque surtout il n'a pas connaissance de l'accompagner, soit par une vue, soit par un vol-ce-l'est) croit naturellement à un change, et, par là même, est exposé à se trom-

per dans le travail qu'il fait faire à ses chiens. C'est donc la
ruse qui déroute ordinairement le plus habile veneur comme
la meute la plus parfaite.

L'accompagner sur le cerf est peu dangereux avec des
chiens bien réglés et de change. Le chevreuil, au contraire,
en raison de la légèreté même de sa voie, échappe souvent
par cette ruse à l'équipage le mieux conduit.

Le brocard s'accompagne fréquemment, et suit en cela les
habitudes du cerf; la chevrette use rarement de ce strata-
gème : elle fait plus de doubles voies, bat l'eau plus souvent.
J'en ai forcé qu'on aurait pu prendre, en quelque sorte, pour
des êtres amphibies.

Quand la vue par corps ou les vol-ce-l'est vous ont démon-
tré que plusieurs chevreuils courent devant la meute, que
doit faire le veneur sérieux?

Encourager surtout ses bons chiens, en travaillant sagement et lentement avec eux sur les devants. Regarder de près
au vol-ce-l'est, ne pas arrêter *la meute au début*, se garder
aussi de gronder ses vieux chiens, mais modérer seulement
l'ardeur des jeunes, c'est là un travail plein de tact et de délicatesse. Examinez enfin et très attentivement les allures
des bons chiens de change; car, de temps à autre, même
dans un long accompagner, l'animal de chasse peut se déta-
cher pendant quelques pas : alors vous pourrez remarquer
que vos bons chiens de change *en refont*, pour s'arrêter ensuite un peu plus loin. C'est la preuve que l'animal de meute,
séparé pour quelques instants du change qu'il a fait bondir,
s'est *rehardé*.

Si, après ce travail en avant assez prolongé, vous voyez
vos chiens de change se refroidir et finir par s'arrêter tout

à fait, retournez en arrière au point où l'accompagner a eu lieu, et reprenez les doubles voies. Souvent de rusés brocards, suivant en cela l'exemple des vieux cerfs, ou se remettent après avoir fait bondir une harde, ou reviennent sur les arrières. Travaillez alors vivement, et de la manière que j'ai expliquée plus haut au chapitre des doubles voies : vous n'avez plus guères que cette chance de relever votre défaut.

Cependant, ce travail si difficile n'aboutit à rien; prenez alors votre parti. C'est le cas de faire les grands devants ; c'est-à-dire de porter la meute à 1 kilomètre ou même à 2 kilomètres et plus, en avant et en arrière de l'endroit où l'accompagner a eu lieu. Dans ce défaut, le veneur le plus actif, le plus intelligent, possédant les meilleurs chiens, peut se heurter contre un obstacle insurmontable ; il lui faut pour ce travail, ce qui ne se donne pas, *du flair* et une prompte décision ; et encore est-il exposé à un échec !

Le chien de change qui chasse gaiement l'accompagner est une perle bien rare : dans toute mon existence de chasseur, je n'en ai jamais vu qu'un seul... *Bellone*, bâtarde anglo-saintongeoise. Cette admirable chienne chassait avec autant d'entrain les doubles voies et l'accompagner qu'une voie débarrassée de tout obstacle ; jamais son merveilleux instinct, servi sans doute par un odorat incomparable, n'a mis en défaut sa sagacité.

Je me rappellerai toujours la première chasse de chevreuil que je fis au Gâvre. Un brocard s'accompagna de deux chevrettes après une heure et demie de chasse. *Bellone* chassa sans hésitation et à fond de train ces trois animaux hardés ensemble. Tous les autres chiens de change, qui la connaissaient et qui, par suite, avaient confiance en elle, ralliaient sans cesse à sa gorge claire et vibrante, goûtaient la voie des trois animaux, et, ne démêlant pas le sentiment du chevreuil accompagné, s'arrêtaient aussitôt pour rallier quelques instants après. Ce manège dura vingt minutes; chacun semblait blâmer la confiance que m'inspirait la vieille chienne. Je voulus voir jusqu'au bout si l'odorat, l'intelligence de *Bellone* n'étaient pas supérieurs à toute science cynégétique, quand tout à coup la meute, en s'assurant de la voie pour la dixième fois peut-être, repartit comme un ouragan sur le brocard déhardé par la vaillante bâtarde anglo-saintongeoise. Ce fut un beau spectacle pour tous les chasseurs présents, et un triomphe pour la brave *Bellone*. Une heure après, l'animal était porté bas à la suite d'un brillant hallali.

Ne comptons pas trop sur une semblable clef de meute, si rare toujours. Travaillons sans cesse à former des chiens sûrs et ne nous décourageons pas. Un tel défaut relevé proprement et le succès qui le couronne vous récompenseront suffisamment de vos peines, et procureront au véritable veneur la plus douce des jouissances.

En terminant ce chapitre, je ne puis m'empêcher de faire une dernière recommandation aux chasseurs de chevreuils. En toute circonstance ayez toujours une extrême prudence et beaucoup de sang-froid.

Il existe, en effet, certaines forêts où le chevreuil se fait rarement relancer avant l'hallali, comme au Gâvre par exemple. A Chinon, ainsi que dans nos forêts de l'Ouest, ils se font relancer ordinairement trois fois avant d'être pris, et j'ai observé que c'était la règle générale.

Or, la journée est mauvaise, le chevreuil a rusé, s'est forlongé, a fait sa chasse, et s'est enfin rasé après avoir pris une heure d'avance, quelquefois plus. Il est refroidi, il est *ressuyé*; double écueil et pour le chien et pour le veneur : écueil pour le veneur qui, s'en rapportant simplement à sa vue, croit que le chevreuil *ressuyé*, quand il repart au nez des chiens, est un chevreuil frais; écueil pour le chien de change qui ne reconnaît plus dans la voie d'un animal refroidi, les effluves de son animal échauffé.

Au lieu de crier *arrête* sur un chevreuil qui, à première vue, vous semble frais, et sur la voie duquel vos chiens de change hésitent, laissez faire la meute pendant quelques instants. Si vos chiens de change se refroidissent graduellement, arrêtez la meute; c'est un chevreuil frais. Si, au contraire, leur ardeur augmente progressivement, songez que l'animal reprend peu à peu, par l'effet même de sa course, le sentiment qu'il avait pendant la chasse; sonnez donc sans crainte des bien-aller : *c'est votre animal!*

Le 16 mars 1877, à la dernière chasse que nous fîmes en Bretagne, chez M. de la Rochefoucauld, au parc de Fresnais, non loin de la forêt du Gâvre, nous fûmes tous témoins d'un fait très caractéristique, qui prouve la vérité de ce que j'avance.

Nous chassions un superbe brocard par un temps très ressuyant. A bout de forces, après trois heures et demie de chasse, l'animal s'était remis avec une avance de cinq quarts d'heure. Relancé par un chien très sûr de change, *Ramoneau*, le brocard traverse immédiatement et sans faire un retour 200 mètres de taillis. Tous les chiens, même ceux de l'année, goûtent la voie derrière *Ramoneau*, tous la *refusent*. Au sortir du taillis, l'animal traverse un chemin et débuche

en pleine campagne. Dans ce moment *Banco*, un des meilleurs chiens de la meute, commence à crier, et s'efforce de
rejoindre *Ramoneau* qui détale à toutes jambes. Je descends
de cheval, et je crois reconnaître le vol-ce-l'est de mon brocard. En remettant le pied à l'étrier, je vois, au loin, la tête de
la chasse, puis, échelonnés à une certaine distance les uns
des autres, les chiens qui rallient à fond de train en reconnaissant la voie de leur animal. S'échauffant graduellement
par l'effet même de sa course, le brocard avait enfin repris
son sentiment. Un quart d'heure après ce relancer si froid, si
inquiétant, l'animal tombait devant les chiens. Étaient présents MM. de la Blotais, des Nouhes, Doynel, Bretault-Billou,
de Boisfleury, Arnous-Rivière, etc., etc.

Je demande pardon à mes collègues en saint Hubert de
parler ainsi de moi et de mes chiens. En leur citant ce dernier trait, je n'ai pas la prétention de leur apprendre quoi que
ce soit en fait de vénerie; mais j'avoue franchement que jamais pareille chose ne m'était arrivée, avec une meute composée, comme la mienne, de vingt chiens énergiques, comprenant cinq jeunes chiens de l'année, vites et entreprenants.
Tous, excepté un seul, ont trouvé au relancer de leur animal de meute la voie si froide qu'ils ont immédiatement
marqué le change. Même avant d'avoir examiné avec attention le *vol-ce-l'est de l'animal relancé*, j'ai eu confiance, encore une fois, dans l'intelligence d'un excellent chien. J'ai
donc, à mon avis, raison de répéter : « Fiez-vous, dans un
cas difficile, plus encore à la finesse de nez de vos bons chiens
qu'à votre propre science; soyez prudent, et, dans les embarras les plus sérieux, gardez tout votre sang-froid. »

Je ferai observer enfin ceci. Règle générale, le chevreuil

de chasse relancé fait une assez longue fuite sans retour ni crochet; au contraire, il est rare qu'il n'y ait pas au bout de quelques secondes une légère hésitation dans la meute, un balancer en un mot, sur un chevreuil frais qui bondit au nez des chiens. Le bon veneur saura prendre note de cette précieuse observation.

On a beaucoup discuté sur le temps bon ou mauvais pour la chasse du lièvre, comme pour celle du chevreuil. Rien n'est plus controversé. On peut discuter des années sans s'entendre. Un bon vent est plus essentiel, à mon avis, qu'une bonne terre; mais le même vent n'est pas également bon dans tous les pays. Puis le vent change souvent dans la journée. Il y a même presque toujours, à l'heure de midi, une perturbation dans l'atmosphère. Du reste, le prudent veneur ne dira jamais à l'indiscret qui l'interroge : « Le temps est bon, ou le temps est mauvais, » mais bien : « Je n'en sais rien, mes chiens vous le diront tout à l'heure. »

Avant de clore cette étude, je ne veux pas vous quitter, ami lecteur, sans prier Dieu, *si toutefois vous êtes bon veneur*, de vous avoir en sa sainte et digne garde et de vous préserver de tout accident fâcheux. Je vous souhaite en outre, à l'exemple du grand saint Hubert notre patron, de rester toujours exact à toute observance de la loi divine; de demeurer toute votre vie hardi et joyeux chasseur, bon compagnon, aimable pour tous, digne en un mot du titre de *bon veneur*.

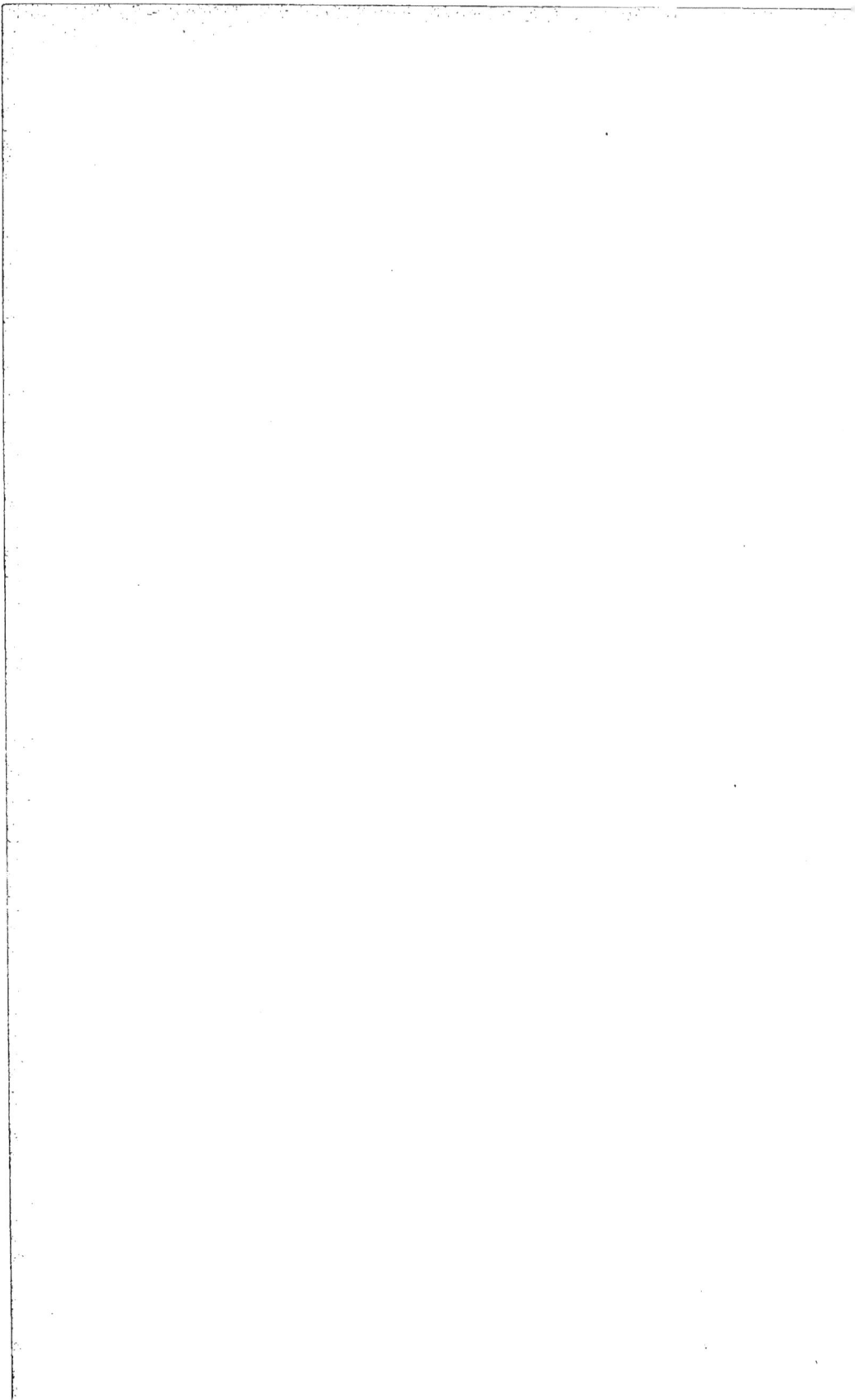

LIVRE SIXIÈME

CHAPITRE PREMIER

DU CERF, DE SA NATURE, DE SES HABITUDES, DE SA TÊTE.

La chasse du cerf a été si souvent traitée par nombre d'auteurs célèbres que j'hésite à en parler même brièvement. Les Salnove, les Leverrier de La Contrie, les d'Yauville au siècle dernier, les écrivains cynégétiques les meilleurs de notre temps, en ont si savamment parlé qu'il n'y a rien à glaner après de tels maîtres. Aussi serai-je très concis et conseillerai-je à mes confrères en saint Hubert d'étudier la « Chasse Royale » dans l'un ou l'autre de ces auteurs.

En France, une vingtaine d'équipages chassent uniquement le cerf; plusieurs autres alternent avec le courre du chevreuil. Le nombre des prises de cerfs s'élève par année à environ douze cents. Ce déduict employant à peu près trois cents hommes, piqueurs, valets de chiens, palefreniers et cochers, mille chevaux et plus de quinze cents chiens, on voit quelle place il occupe dans le pays.

Je ne m'attarderai pas à décrire le cerf et la biche; tous

les veneurs les connaissent. Du reste ces animaux varient
peu comme physionomie, bien que ceux qui habitent les
collines pierreuses et les forêts maigres soient plus légers,
plus petits que ceux qui hantent les vallées et les plaines,
où les gagnages sont plus abondants et de meilleure qualité.
Leur pelage rouge en été se brunit en hiver. Autrefois il
existait en France, à Chantilly surtout, des cerfs à tête blanche, et même presque tout blancs. Les annales des Condé
font mention de nombreuses prises de tels animaux ; aujour-
d'hui on n'en trouve plus, paraît-il, que dans certains parcs
de l'Allemagne.

Naturellement timide, excepté à l'époque du rut, rarement il attaque l'homme, à moins cependant qu'il ne fasse
tête quand il est blessé ou au moment de l'hallali. Il est
imprudent à ce moment de l'aborder par devant ; j'ai vu des
hommes et même des chevaux culbutés et gravement blessés par leurs terribles meurtrières. Élevé dans un parc, il
devient familier, mais par cela même très dangereux au
moment du rut, surtout pour les femmes dont il a moins
peur que de l'homme. J'en ai vu un à Ussé renverser à coups
de tête une pauvresse qui ramassait du bois mort, et la
piétiner avec fureur. Je ne conseille donc à personne de s'a-
muser à garder en liberté dans un enclos, un cerf aussi ap-
privoisé que possible, et dont même on aurait scié les bois.

Bien que Lhomond nous ait dit « *centum annos cervi di-*
cuntur vivere » je crois que le cerf ne vit pas au delà de
quarante ans. D'un caractère aussi curieux que le chevreuil,
il s'arrête, si après l'avoir fait bondir sans bruit, on ne bouge
pas de place ; il ne tarde pas alors à se retourner pour voir la
cause qui l'a obligé à se déranger. Délicat sur le choix de sa

nourriture, il mange doucement, donne un coup de dent par ci à une betterave, par là à un navet, broute çà et là une feuille de choux, parcourt souvent tout un champ et le piétine pour chercher un morceau à sa convenance. C'est en automne qu'il cause le plus de dommage aux récoltes des cultivateurs; dans les autres saisons il se contente généralement de brouter les ronces et les arbustes des forêts. Le vieux cerf aime la solitude, excepté au moment du rut; il fuit les hardes des biches et des jeunes cerfs, aime à passer l'été dans un buisson écarté dans lequel il se retire pour refaire sa tête. La biche met bas au bout de neuf mois; jusqu'à six mois son faon porte la livrée. A partir de cet âge jusqu'à l'âge d'un an on l'appelle haire, à cause de sa triste mine et de son mauvais poil : deux petites dagues commencent alors à lui percer sur le sommet de la tête. Quand elles sont dépouillées de leur velours il prend le nom de daguet.

Vers la fin d'août, les cerfs commencent à entrer en rut : ils deviennent inquiets, *raient* pendant la nuit, grattent la terre, courent à droite et à gauche, ne mangent plus et deviennent furieux quand un autre cerf s'approche de leur sérail. Si l'intrus est de même force, le combat devient terrible : souvent même il se termine par la mort des deux adversaires. Ordinairement il n'en est pas ainsi. Le plus fort ne tarde pas à rester seul maître du terrain. Pendant le temps de leurs amours les cerfs exhalent une odeur très forte et que les chiens n'aiment guère, à tel point que les limiers en refusent souvent la voie. Leur cou grossit, le poil du ventre se rembrunit et devient rude. Le rut dure cinq ou six semaines; il commence par les plus vieux cerfs et, vers la mi-octobre, il n'y a plus guères que les daguets qui, par une bizarrerie de la nature, y entrent les derniers, lorsque les vieux ont quitté la harde et se sont célés dans les buissons les plus solitaires.

Les bois du cerf reposent sur deux os ou pivots qui sortent du crâne, appelé aussi massacre ; ils sont terminés par deux couronnes ou meules. Les deux branches ou perches qui s'appuient sur les meules sont ornées, suivant l'âge ou les circonstances, d'andouillers plus ou moins nombreux, plus ou moins perlés. Les plus près du massacre se nomment meurtrières. La partie supérieure de la perche se nomme empaumure, ainsi appelée parce qu'elle ressemble imparfaitement à la paume de la main et que les andouillers qui la terminent ont l'air de figurer des doigts. Vers la fin d'avril lorsque le cerf entre dans sa troisième année, les bois du daguet, appelés dagues, se détachent du pivot et tombent d'eux-mêmes. Le cerf refait alors sa seconde tête, presque toujours chargée de trois ou quatre andouillers ; les véritables secondes têtes qui ne portent que des meurtrières à la base de leurs perches sont des plus rares. A quatre ans le cerf, bien qu'étant à sa troisième tête, porte souvent quatre ou même cinq andouillers de chaque côté. A cinq ans la quatrième tête peut porter jusqu'à dix ou douze andouillers, bien que l'empaumure apparaisse à peine. A six ans l'empaumure est ordinairement formée par trois andouillers, et quel que soit le nombre de ceux qui garnissent les perches, le cerf est dit *dix cors jeunement*. Passé cet âge, il devient *dix cors*, puis *vieux dix cors*. Alors sa tête varie et n'admet plus ni règle ni mesure par rapport au nombre d'andouillers ; seulement les meules, reposant sur des pivots plus développés, deviennent plus grosses et

TÊTES DE CERFS.

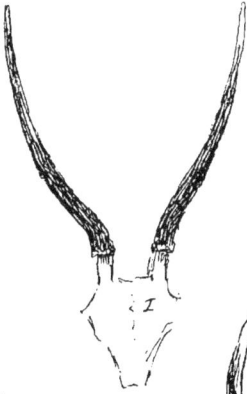

Daguet.

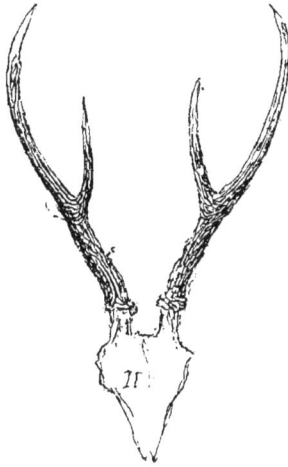

Deuxième tête.

Quatrième tête.

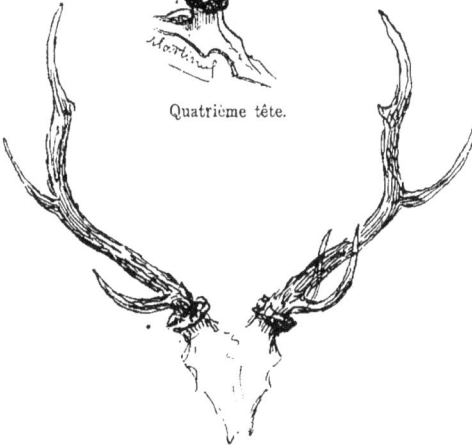

Troisième tête.

Dix cors jeunement.

Grand vieux cerf.

plus rapprochées du massacre; le *merrain* s'élargit, ses gouttières sont plus profondes, ses perlures plus accentuées, les andouillers s'allongent et prennent de la force. Lorsque les deux perches ne sont ni régulières, ni identiques, on dit du cerf qu'il a une tête *bizarre* ou *bizarde*.

Les bois des vieux animaux tombent en mars : les jeunes perdent les leurs un peu plus tard. En quatre ou cinq mois la tête est complètement refaite. Pendant ce travail, le cerf souffre, s'éloigne des hardes et recherche la solitude. Les plus vieux ne touchent au bois que vers la fin de juillet; les jeunes un peu plus tard; ils se débarrassent ainsi de la peau qui enveloppe leur jeune bois, et quand le velours est totalement tombé, on dit du cerf qu'il a *frayé bruni*.

CHAPITRE II

Après avoir étudié d'une façon succincte la nature, les habitudes et la tête du cerf, disons quelques mots sur la manière de le détourner, et une fois qu'il aura été bien reconnu et déhardé, de la meilleure manière de l'attaquer avec chance de succès. Je ne puis mieux faire, ce me semble, que de suivre dans ce chapitre un de nos maîtres ès-arts, le comte Le Couteulx.

Le cerf sort la nuit pour viander et rentre dans son fort avant l'aube. Le valet de limier doit donc être de bon matin rendu au bois pour en reconnaître et rembucher son cerf à trait de limier. Il aura soin d'examiner avant tout travail l'empreinte du pied de l'animal dont il désire suivre la voie. Le pied du cerf est composé des *pinces* ou extrémités antérieures du pied; de la *sole*, du *talon* ou extrémité postérieure du pied; les côtés en sont la circonférence, les os en sont les ergots; la distance qui existe entre les os s'appelle la jambe. L'allure est la distance qui sépare l'empreinte des pieds de derrière des pieds de devant. Suivant la nature et la qualité du sol, ces connaissances varient tellement qu'une règle uniforme est impossible à formuler. Dans un pays pierreux les pieds sont plus ronds, les pinces et les talons plus unis, tandis que sur un sol gras ou marécageux, les côtés ne s'usent pas et restent tranchants. Règle générale, le cerf diffère toujours de la biche par le pied et les allures. Le pied du premier est plus large, tandis que celui de la biche a les pinces pointues, le pied long, le talon serré, les côtés tranchants. Les os du cerf sont tournés en dehors, et gros à proportion de son âge ; leur écartement constitue une indication très précieuse pour le juger de l'animal ; plus il est accentué, plus le cerf est vieux. La biche, au contraire, a les os menus rapprochés et en dedans : aussi dit-on, à l'encontre du cerf, qu'elle a peu de jambe.

Quand le cerf marche d'assurance, il pose les pieds de derrière sur la même ligne que les pieds de devant, soit en avant, soit sur les autres, soit en arrière, suivant son âge ; plus il est vieux, plus il se retarde. La biche se *méjuge* toujours, c'est-à-dire que les empreintes des pieds de derrière s'écartent de la ligne suivie par les pieds de devant. Les vieilles biches *bréhaignes* ou stériles ont souvent des pieds qui ressemblent à s'y méprendre à ceux du cerf ; en faisant suite, on parvient cependant à reconnaître que les allures sont moins régulières, que les os sont plus petits, et que la jambe est moins large.

La différence de grosseur du pied de derrière comparée avec celle du pied de devant fournit encore une précieuse indication : un pied de derrière égal ou à peu près indique un jeune cerf ; plus le pied de derrière est petit par rapport à celui de devant, plus vieux le cerf doit être jugé.

Le valet de limier doit connaître encore des *foulées* ou empreintes que laisse sous bois le pied du cerf dans l'herbe, la mousse ou les feuilles mortes, et aussi des *abattures*, qui sont les plantes abattues par le cerf, quand il traverse le fourré. En mettant légèrement les doigts dans les foulées on peut reconnaître la largeur du pied, la direction de l'animal; par la rosée et l'herbe abattue, on juge si le pied est *de temps*. Les abattures, suivant leur hauteur et la largeur de la voie foulée, indiquent assez souvent la force et la taille du cerf : s'il rencontre un arbuste et qu'il y porte la dent, ce sera toujours en travers à cause de la position de ses bois, tandis que la biche l'attaque dans le sens de la longueur.

Quand l'animal jugé cerf est rentré sous bois et que le limier se rabat, il faut que le valet de chiens fasse le tour de l'enceinte pour s'assurer que son animal ne l'a pas vidée et ainsi de suite jusqu'à ce qu'il se soit assuré de l'enceinte où le cerf a établi sa reposée. On dit alors du cerf qu'il est *détourné*.

Le travail du valet de limier n'est encore qu'à son début; c'est une étude longue et difficile qui doit être apprise dans les ouvrages spéciaux qui l'ont traitée avec les détails que comporte la matière.

Qu'il me suffise d'observer que dans nombre d'équipages modestes, mais composés de chiens de race, intelligents, fins de nez, bien mis au cerf, on peut se contenter de reconnaître un pied *courable* et *de temps*, soit seul, soit accompagné, et de supprimer en partie le travail du valet de limier. Alors le maître d'équipage, accompagné de son piqueur, suivi de deux ou trois chiens sûrs, rapproche le cerf, le met debout et tâche de le déharder. Tout ce travail doit être fait sans bruit de peur que l'animal ne vide l'enceinte et même la forêt; puis on brise sur la voie aussitôt l'animal *reconnu*, et on recouple ses chiens. On fait ensuite le tour de l'enceinte pour s'assurer que le cerf n'en est pas sorti; puis on revient au rendez-vous, pour faire son rapport.

Au moment où le maître d'équipage donne le signal du départ, le piqueur remet ses chiens de rapprocher sur la voie qu'ils ont déjà chassée; aussitôt après la *vue par corps*, on découple tout l'équipage afin d'attaquer l'animal de *meute à mort*. Aujourd'hui les bâtards se passent de relais: à peine si on lâche vers la fin quelques couples de vieux chiens trop lents pour suivre le train du *relais volant*.

CHAPITRE III

L'attaque bien donnée, le maître d'équipage doit s'opposer à ce qu'on abuse de la trompe et surtout des cris; il laissera faire les chiens pour que leur fougue se passe et qu'ils puissent goûter la voie de leur animal. Rien n'est plus dangereux que de s'emporter dès le lancer, de crier *tayaut*, de pousser les chiens et de courir à perte haleine. Le veneur sage et calme doit d'abord ménager soi et son cheval; car il ne sait pas ce que la fin de la journée lui réserve.

La plus grande difficulté de la chasse du cerf consiste dans l'accompagner. Je ne dis rien du change simple. Avec des bâtards de bonne origine, bien mis au cerf, le change de cerf à biche n'existe pas, et celui d'un cerf échauffé à un cerf qui vient de bondir n'est pas non plus à redouter : d'ailleurs vous avez comme guide les connaissances du pied que les bons traités de vénerie et surtout votre propre expérience vous auront bientôt apprises.

Il n'en est pas ainsi de l'accompagner. Plus vos chiens sont sûrs de change, plus ils le redoutent. Souvent le cerf de chasse

LES ALLURES DU CERF.

Allure du cerf à sa 4ᵉ tête.

Allure de cerf dix cors jeunement.

Allure de cerf dix cors.

Allure de vieux cerf.

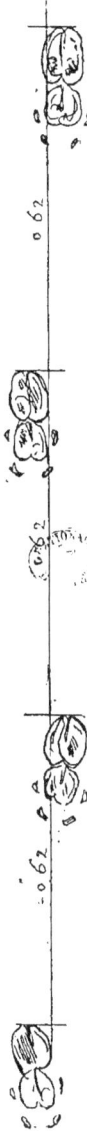

Allure de grand vieux cerf dix cors.

se mêle à des hardes entières, pousse devant lui cerfs et biches et cela indéfiniment.

J'ai vu à Chinon les meutes réunies de MM. de Puységur, Raguin et de Chabot, découplées sur un 3ᵉ tête accompagné dès le lancer d'un 2ᵉ tête et d'un daguet. C'était une faute capitale; car, malgré les efforts des nombreux veneurs, il fut impossible de séparer les trois cerfs pendant toute la durée de la chasse. Quelques instants avant la prise, nous vîmes *par corps* ces trois cerfs couchés à dix pas les uns des autres : la meute arrêtée fut tenue sous le fouet, et l'un de nous fit bondir sans bruit la troisième tête; les deux autres cerfs restèrent sur le ventre. Un quart d'heure après nous sonnions l'halali. Sans cette manœuvre les trois animaux eussent couru grand risque d'être forcés en même temps.

Il est difficile d'indiquer le moyen de faire chasser les bons chiens dans l'accompagner. Naturellement les meilleurs chasseront froidement ou même s'arrêteront. Je conseille au début beaucoup de prudence ; mais si le veneur est sûr que son cerf soit dans la harde, qu'il n'hésite pas à appuyer vigoureusement sa meute. Peu à peu les chiens les plus sûrs reprendront confiance, reconnaîtront bientôt la présence de leur animal, et le maître d'équipage aura toute chance de le déharder.

Il est indispensable, comme dans la chasse du chevreuil, de ne pas arrêter trop vite les chiens, si on voit biches ou cerfs de change courir devant la meute. Qui vous dit que votre animal de chasse n'est pas déjà passé sur cette voie? regardez faire vos bons chiens, assurez-vous du pied et, en les arrêtant prématurément, ne donnez pas tort à vos chiens quand ils ont raison! Si le change est simple, l'animal frais ne tarde pas à se jeter de côté, et votre meute reconnaissant sa voie, vous avertit par ses aboiements redoublés de la joie qu'elle éprouve d'avoir retrouvé son cerf.

En dehors de ces difficultés, le courre du cerf n'est pas très difficile. La ruse la plus habituelle et la plus facile à vaincre consiste dans les retours *voie par voie*. Les bat-l'eau ne sont pas plus à redouter. Si l'animal se jette dans une rivière profonde, il se laisse aller au courant, en faisant passer l'eau à une partie de la meute ; la voie ne tarde pas à être relevée du côté où l'animal a pris terre : si l'animal s'est blotti sous une touffe de joncs ou près d'une souche d'arbre, la meute l'a bientôt éventé et relancé à vue.

Le cerf qui baisse la tête, paraît noir et mouillé, *porte la hotte*, flageolle, est sûrement le cerf de meute. si avec cela il se fait relancer souvent, et qu'il soit *ravalé*, c'est-à-dire qu'il ne tire plus la langue et qu'il ne souffle plus, il est très près d'être pris. C'est le moment de l'hallali courant. Relancé sans cesse au milieu des chiens, le pauvre animal finit par succomber, non sans avoir parfois défendu vaillamment sa vie. Il est alors imprudent de se présenter en face du cerf; j'ai vu des chasseurs renversés et foulés et des chevaux éventrés par ses dangereuses meurtrières. On doit tâcher de l'aborder de côté, ou en arrière, pour lui couper le jarret s'il est encore debout. Le cerf tombe alors au milieu des chiens qui le couvrent. Un coup de couteau de chasse au défaut de l'épaule ne tarde pas à mettre fin à son agonie.

Le cerf est aussitôt dépouillé et recouvert de sa peau ou *nappe*, le piqueur l'enlève; la curée chaude se fait au son des trompes. On sonne en partie la tête du cerf, l'hallali, les honneurs du pied, la calèche des dames et la joyeuse fanfare

de notre patron le grand saint Hubert. Parfois aussi la curée
a lieu aux flambeaux. A Chambord, il en était toujours ainsi
du temps de nos Rois. Je n'oublierai jamais cet entraînant
spectacle. On aimait à admirer cette splendide demeure alors
que, éclairée la nuit par des fascines embrasées, son élégante
silhouette s'estompait sur l'horizon rougeâtre.

LIVRE SEPTIÈME

SOUVENIRS DE VÉNERIE

QUELQUES SOUVENIRS D'UN VENEUR

J'avais l'intention de terminer par ces lignes mon étude sur la chasse du chevreuil et du cerf. Quelques amis m'ont fait observer que je devais à ceux qui avaient eu la patience de lire cette dissertation, aride peut-être, de raconter quelques épisodes de chasses au cerf et au chevreuil, dont j'ai été le témoin ; de parler de certains veneurs que j'ai particulièrement connus ; et aussi de décrire quelques-unes de ces belles forêts de l'Ouest où, si souvent, j'ai couru les grands fauves.

Je me rends à leurs vœux. Les souvenirs étant du domaine de l'histoire, celui qui plus tard mettra en ordre les chroniques de la vénerie française sera peut-être heureux de retrouver dans ces pages quelques pierres pour ce monument si national et si vivement réclamé de tous les veneurs.

J'écris ces lignes sans autre prétention que celle d'être sincère et vrai.

Quelques lecteurs trouveront peut-être certains détails, certaines circonstances, extraordinaires. Ceux qui ont beau-

coup chassé savent que, dans leur longue carrière de veneurs, ils ont été parfois témoins de faits étonnants dûs
soit au hasard, soit à la vigueur tout exceptionnelle de certains animaux. C'est à leur expérience que je confie ces dernières pages.

UN DÉPLACEMENT DANS LA GASTINE POITEVINE
EN 1853

La partie nord-ouest de la Gastine, qui s'étend entre Airvault (*Aurea vallis*), Parthenay, Thenezai et Airon est, sans contredit, le plus beau pays de chasse de cette partie de l'ancienne province du Poitou. Excepté la forêt d'Autun, qui contient environ 600 hectares, aucun autre massif de bois n'a une réelle importance : ce sont plutôt des séries de boqueteaux séparés les uns des autres par de petites plaines assez fertiles, et çà et là par des étendues restreintes de bruyères et d'ajoncs.

Soulièvre et le Porteau, aux Maussabré; Maurivet, aux Cossin de Maurivet; La Roche-Faton, aux d'Autichamp, étaient jadis les principaux centres des réunions cynégétiques du pays. Les maîtres et les maîtresses de maison rivalisent encore d'amabilité pour recevoir et traiter leurs hôtes avec la plus cordiale hospitalité.

Au mois de novembre 1853, si ma mémoire ne me fait pas défaut, mon frère et moi nous trouvions réunis au château du Porteau, chez Mme la marquise de Maussabré, une société d'élite d'hommes, de femmes, et de jeunes filles charmantes.

Très gracieusement invités par Mme de Maussabré, nous avions amené au Porteau notre équipage de chevreuil pour le joindre à celui de M. de la Débuterie.

Nous devions passer une joyeuse semaine en bonne compagnie, chasser trois fois à courre, trois fois à tir des perdreaux et des faisans, et danser toutes les nuits jusqu'à trois heures du matin. Je puis affirmer que le programme fut fidèlement observé.

Le premier jour, nous attaquâmes un daguet, qui fut porté bas par la meute en deux heures trois quarts, après une ravissante chasse de boqueteaux en boqueteaux, à travers plaines et bruyères.

Après une journée de repos, nous attaquâmes un vieux brocard, le temps très sec et très froid ne nous ayant pas permis, *à cause de la gelée surtout,* de détourner une quatrième tête qui, la veille, nous avait été signalée.

J'ai rarement assisté à un plus joli laisser courre. Le chevreuil, malmené par quarante-cinq chiens très vigoureux et très en curée, fit une pointe de trois lieues, après avoir vainement battu le change et longé les chemins pierreux et desséchés des plaines d'Airvault. L'hallali courant (ce qui est rarissime sur un chevreuil), se fit dans de grandes bruyères blanches, non loin de la petite forêt de Thénezai. Pendant plus d'une heure, le vigoureux animal se fit relancer cinq ou six fois par toute la meute. C'était un brocard *pèlerin,* habitué à parcourir le pays, et qui ne tomba devant nos équipages qu'après une héroïque résistance.

Le soir, tout le monde rentrait au logis, où un excellent dîner et un bal improvisé doublèrent le plaisir de cette seconde journée.

La troisième journée fut sans contredit la plus accidentée, et si elle ne fut pas également honorable pour tous les chasseurs présents à l'attaque, je suis certain que pas un de ceux qui sont encore de ce monde n'en a oublié les péripéties. La quatrième tête qui nous avait été annoncée depuis trois jours, fut lancée assez facilement à midi, dans les bois qui entourent le château du Porteau.

Les chiens du relais volant empaument gaiement la voie saignante, et nous voilà au nombre de quinze ou seize chasseurs, jeunes pour la plupart et pleins d'entrain, débuchant à travers plaines et bois à la suite de la meute ardente.

Une heure à peine s'était écoulée que le temps change brusquement; le vent souffle en tempête; la voie se refroidit: nous ne chassons plus qu'en rapprocher. Souvent nous mettions pied à terre pour en revoir, et redresser la voie. Au moment où nous traversions une grande route, un de nos jeunes veneurs, Ernest de la Débutrie, avise une grande mare et y pousse son cheval. Malheureusement c'était une carrière abandonnée, et dont l'eau qui couvrait les bords dérobait la profondeur. Ernest pique une tête et disparaît complètement avec son cheval. Jugez de notre émotion! Chacun se précipite et au moment où cheval et cavalier reparaissent, des bras amis le retirent sain et sauf, mais trempé comme un barbet. Heureusement qu'un brave meunier, qui demeurait près de là, offrit de l'habiller de pied en cap; mais, vêtu d'habits de bure et chaussé de gros sabots, il fut obligé, malgré son ardeur bien connue, de rebrousser chemin et de rentrer au château.

Nous maintenions à grand'peine, depuis deux heures, la voie de notre cerf, quand le gros des jeunes chasseurs nous déclara que, la nuit approchant, le cerf ne pourrait pas être pris; que réflexion faite, les plaisirs qui les attendaient au château valaient mieux qu'une ingrate poursuite. M. de la Débutrie, mon frère et moi, notre cousin Julien de la Rochejaquelein, Anatole d'Autichamp, nous voilà seuls avec nos deux piqueurs. Les jeunes *chassereaux* étaient à peine rendus à quatre kilomètres, que, dans la première enceinte des bois de Thénezai, nous relançâmes notre cerf. Il était temps; car la nuit arrivait à grands pas et nous nous trouvions dans un pays presque inhabité. Ce ne fut plus qu'un hallali courant d'une demi-heure à travers la plaine immense qui sépare les bois de Thénezai d'un petit étang dont je ne me rappelle plus le nom, mais qui est situé non loin de l'ancienne route royale de Parthenay à Poitiers. L'animal, à bout de forces, se jette à l'eau. La nuit était presque close et, malgré l'ardeur de nos chiens, force leur fut de revenir au rivage, sans avoir pu noyer le cerf. Heureusement que, à deux pas de la chaussée, nous aperçûmes la maison du garde. Un petit bateau était amarré au bord de l'eau : en prendre la clef et sauter dans l'esquif, mon frère et moi, ce fut l'affaire d'un instant.

Nous avions eu la précaution de nous munir d'une lanterne, d'un bon couteau de chasse et de nous faire accompagner d'une brave chienne, *Surpasse*, la première bâtarde que nous ayons eue, et une des meilleures assurément. L'étang était couvert de joncs et d'îles flottantes. Certainement, sans toutes nos précautions le cerf eût été manqué. Tout à coup, en broussant à travers des touffes de joncs, Surpasse se jette à l'eau et fait bondir le cerf; par bonheur il passe à toucher le bateau, et, pendant que l'un de nous éclaire la

scène, l'autre dague le cerf au défaut de l'épaule. Nous l'en-
traînons au rivage, et pendant que les piqueurs dépouillent
le noble animal, la femme du garde nous prépare une bonne
soupe à l'oignon et une délicieuse omelette. Toute fatigue
était oubliée!

Nous avions quatre grandes lieues de retraite à faire et il
était 5 heures et demie du soir. La nuit était sombre, une
petite pluie fine commençait à tomber : le pays était complètement désert. Heureusement que le brave d'Autichamp ne
nous avait pas abandonné: il connaissait tous les chemins
de cette partie de la Gastine; aussi, à 8 heures nous arri-
vions sains et saufs à la porte du château, mais crottés,
mouillés, en un mot très peu présentables. Avant de descendre de cheval nous avions combiné notre plan de campagne; nous devions, avant d'aller changer de vêtements, avant
même de quitter nos bottes, entrer d'un air piteux dans la
salle à manger pour saluer Mme la marquise de Maussabré
et ses charmantes invitées. Nous devions nous excuser d'arriver en retard : défense expresse de souffler mot de la prise
du cerf.

Le programme fut exécuté de point en point. A peine en-
trés, nous sommes accablés de quolibets de la part de la jeunesse dorée (je ne parle que de la partie masculine, bien
entendu). « Eh bien! qu'avez-vous? quel air morne et abattu!
Nous vous le disions bien! à quoi bon vous entêter à courre
un cerf forlongé par une tempête pareille! Nous avons eu
bien meilleur nez que vous, et je vous assure que ni nous ni
ces dames ne s'en plaignent! »

Tout à coup on entend dans le vestibule un formidable
hallali sonné par les deux piqueurs. Aussitôt après, le vieux

Naulet, le célèbre piqueur de la Débutrie, entre comme un ouragan, portant entre ses bras la tête de notre belle quatrième tête. « Rira bien qui rira le dernier, » dit le proverbe.

Nos jeunes cocodès, honteux et humiliés, ne soufflaient mot, et nous, généreux dans notre triomphe, nous nous gardions bien de les molester; mais les dames s'en chargèrent et nous vengèrent avec usure.

Nous n'eûmes pas la permission de changer de vêtements; il fallut prendre nos places à table. Je puis assurer que nos voisines furent joliment aimables!! On ne nous permit pas davantage, après le dîner, de quitter nos bottes et nos éperons; nous dansâmes jusqu'à 3 heures du matin en habit rouge et en bottes crottées. Nos malheureux compagnons n'étaient acceptés pour valser ou polker que lorsque nous demandions grâce.

MONOGRAPHIES DE TROIS CHIENS CÉLÈBRES

BLACK, RAMONNEAU ET TALBOT

Au mois de février 1847, nous faisions, mon frère et moi, notre premier déplacement en Touraine, chez notre grand-oncle, le général comte Auguste de la Rochejaquelein. Le général était le dernier survivant des trois fils du marquis de la Rochejaquelein; les deux aînés, Henri et Louis, étaient morts, le 1er en 1793, le second en 1815, sur les champs de bataille de l'héroïque Vendée.

Possesseur d'un bon équipage de chiens français et de bâtards anglais, notre vieil oncle aimait surtout la chasse du chevreuil. Actionnaire, avec MM. de Puységur et Raguin, de la splendide forêt de Chinon, le général était admirablement placé à Ussé pour satisfaire ses goûts cynégétiques. Pour nous, qui débutions, nous ne pouvions rêver, avec une cordiale hospitalité, un meilleur Mentor, une plus charmante forêt, des laisser-courre plus attrayants.

Le général avait, à cette époque, dans sa meute, un chien très extraordinaire, dont la mémoire doit être conservée dans les annales de la vénerie. Black était un Kerry beagle, ce qui veut dire, je crois, chien courant hurleur du Kerry, en Irlande.

Pour ma part, je crois que jamais chien meilleur pour le chevreuil n'a existé. Doué d'une gorge claire et prolongée, d'un instinct merveilleux, d'une grande finesse de nez, d'un train plus régulier que vite, avec une allure parfois assez singulière, l'amble, Black portait constamment la tête. Sur vingt défauts, il en relevait quinze à lui tout seul. C'est à ce chien extraordinaire que le bon général a dû, pendant sept ou huit ans, la plus grande partie de ses succès à Chinon et ailleurs.

En 1847, vers la fin de notre premier déplacement à Chinon, nous achetâmes, de MM. de Villeneuve, qui demeuraient alors en face d'Ussé, sur la rive droite de la Loire, une jeune lice très près du sang anglais.

De son croisement avec Black nous n'obtînmes qu'un seul chien, Ramoneau.

Il était de la même couleur que son père, noir et fauve vif, à peu près de la même taille; sa voix était superbe et son intelligence très remarquable. Comme son père, il valait à lui seul toute une meute. Sage, bien qu'ardent, il était sûr de change; avec lui, jamais le chevreuil de meute n'était perdu. Dans un défaut, dans un accompagner, il prenait vigoureusement son parti, et quand tout semblait perdu, on entendait la voix puissante de Ramoneau relever la voie souvent à deux ou trois enceintes de l'endroit où le défaut avait eu lieu.

A l'âge de dix mois, un loup vint à passer dans la métairie où Ramoneau était élevé. Le jeune chien, excité par la bergère, relança le loup dans un champ de genêt et le chassa toute la journée. A l'âge de cinq ans il fit un trait qui démontre combien certains chiens ont une prédilection mar-

Vigilance.

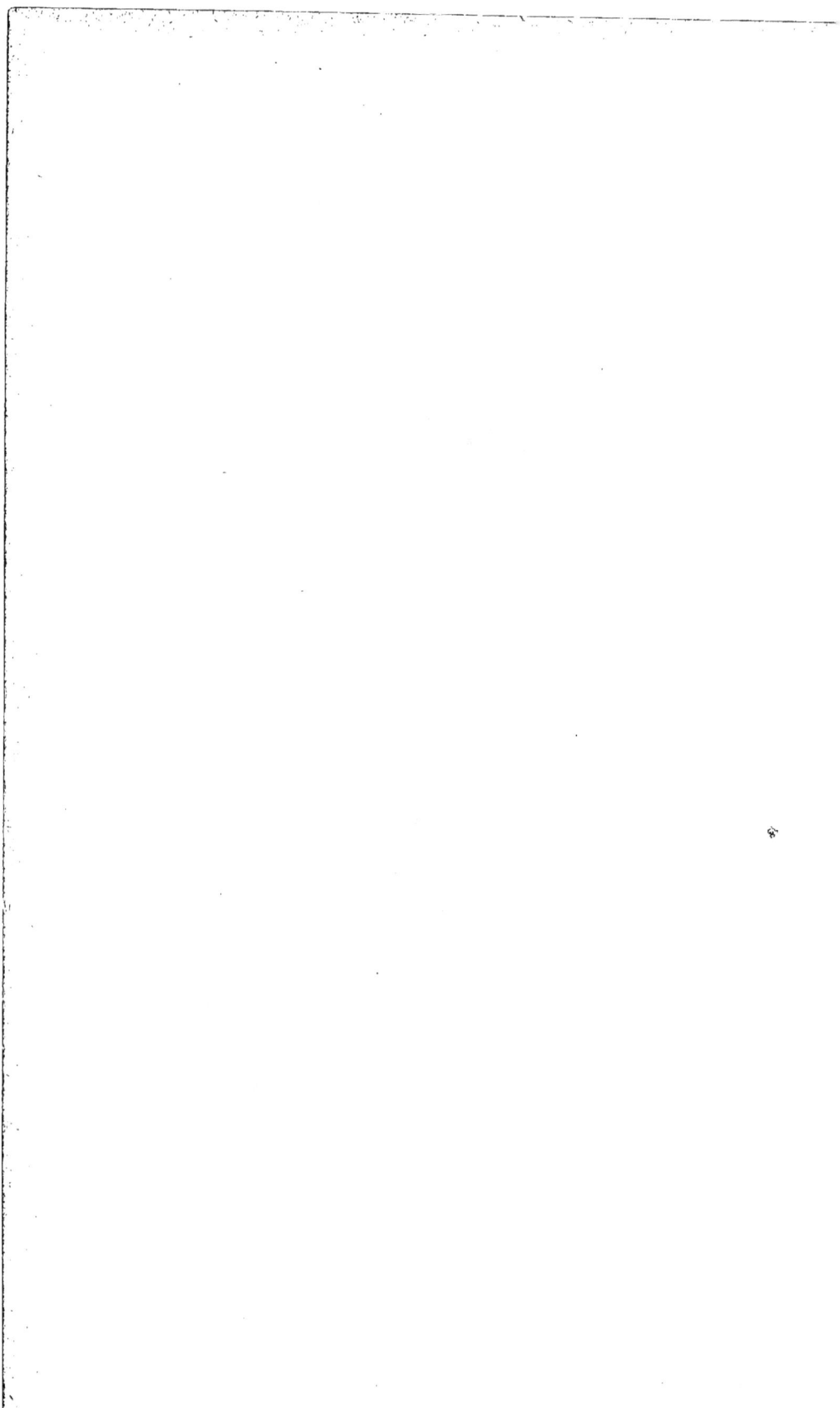

quée pour un animal plutôt que pour un autre. Nous chassions des cerfs dans le parc d'Oyron à la fin de novembre, après avoir pris huit cerfs à Vézins et deux déjà dans le parc. Ramoneau était toujours de corvée pour faire le bois. Partis de bon matin, un jour de gelée et de givre, avec Enguerrand de Pully, nos deux limiers Ramoneau et Talbot se rabattent chaudement sur une voie, au passage de la grande route de Thouars à Loudun ; impossible de distinguer le vol-ce-l'est. Interrogé par nous, le cantonnier de service nous dit que, au lever du soleil, un vieux loup était passé à l'endroit même où nos chiens se rabattaient.

Nous reprenons nos deux chiens sans les gronder, et nous frappons à la brisée d'un vieux dix-cors aperçu au petit jour par un paysan.

Talbot relance le cerf au bout de cinq minutes ; Ramoneau refuse la voie et revient derrière nos chevaux. Le cerf lui passe à vue ; il ne daigne pas le regarder. Découplé avec toute la meute, deux heures après, ce chien, qui avait goûté une voie de loup, rentra au chenil sans qu'on pût le faire chasser ce jour-là. Pour un chasseur de loup, Ramoneau eût été un chien tout à fait extraordinaire.

Ainsi que son camarade Talbot, il a vécu jusqu'à l'âge de douze ans, et certainement pendant ce laps de temps il nous a aidés à prendre en moyenne au moins 25 chevreuils et 10 cerfs par an.

Talbot, son compagnon de gloire, était fils d'une lice pure du haut Poitou que mon beau-frère Henri de Moussac nous avait donnée en 1845. Son père sortait de l'équipage de Rambouillet, appartenant alors au baron de Lareinty. C'était un chien anglais de pur sang de grande origine.

Talbot était laid, mince, avec une tête pointue, tout blanc, sauf la tête marquée de feu vif. Il avait la voix claire, cognait sans jamais hurler; sans être vite, son train était soutenu. Très dans la voie, Talbot complétait Ramoneau plus brillant que lui, plus léger dans sa manière de chasser. Avec ces deux chiens, tout animal lancé par un temps ordinaire était à peu près pris. Jamais le change ne nous a inquiété; dès la première année de chasse, ils l'ont gardé admirablement.

Je parlais tout à l'heure du parc d'Oyron. La première fois que nous y chassâmes, MM. de Pleumartin, d'Oyron, de Pully, et autres excellents maîtres d'équipages furent témoins du fait suivant tout à la gloire de ces braves chiens :

Le premier cerf attaqué chez M. Hector Baillou de la Brosse, dans le bois de Rigny, à quelques centaines de mètres des murs du parc, rentre par une des brèches dans la première enceinte, les brandes de Saint-Léonard.

Nous avions quatre-vingts chiens qui chassaient ensemble pour la première fois. Aussitôt dans le parc, nous voyons bondir de tous côtés cerfs et biches, brocarts et chevrettes. Sur le point culminant du parc d'Oyron, à l'intersection de toutes les grandes artères de ce beau parc de 800 hectares, on a bâti un chenil et des écuries : c'est là qu'on dispose les relais des chevaux et aussi des chiens, quand toutefois on le juge nécessaire.

Sur notre engagement formel de débrouiller avec Ramoneau et Talbot la voie du cerf de meute au milieu de ces nombreux changes, on rentra tous les chiens au chenil. Nous reprenons nos deux chiens de change; la voie de leur animal leur est donnée à la brèche par où le dix-cors est entré. Un quart d'heure après, le cerf était relancé par la voie à deux kilomètres au delà des brandes de Saint-Léonard : on ouvre aux quatre-vingts chiens la porte du chenil, et deux heures après l'animal était noyé dans le petit étang du parc. Ce beau trait s'est renouvelé à notre troisième chasse et de la même manière.

A l'âge de douze ans, Talbot et Ramoneau furent donnés à un vieux chasseur de loups, de Laval, véritable bas de cuir, le père Palicaud.

Je lui avais vanté l'amour que ces deux chiens avaient eu toute leur vie pour les voies de loup : je l'avertis seulement qu'ils n'en avaient pas rapproché depuis cinq ans.

Je tenais à assister au premier découplé. M. Palicaud avait alors un seul chien qui s'appelait Grillé; il était rouge et à gros poils, d'où son nom de Grillé.

Rendez-vous fut pris à 9 heures du matin dans la forêt du Pertre (Ille-et-Vilaine). J'arrive à l'heure, accompagné de mes deux chiens; je trouve le vieux trappeur avec Grillé en laisse, le tout trempé par la rosée matinale. « Mauvaise chance, me dit M. Palicaud; pas de voie qu'on puisse rapprocher. Je suis au bois depuis 6 heures, et sauf une brisée à cent pas d'ici où Grillé a fait mine de prendre à la branche, je n'ai rien à offrir à vos deux chiens. Grillé a le nez fin, inutile de vouloir lui en remontrer. » Je lui réponds sans m'émouvoir. « Puisque je suis ici essayons toujours. »

Nous voici à la brisée; Talbot prend à la branche le premier, se déchausse avec ardeur; je frappe dans mes mains en criant : Harloup, Talbot! Harloup, Ramoneau! Les deux vieux limiers entrent au fourré. Tout à coup la voix claire de Talbot se fait entendre, accompagnée aussitôt du bourdon de Ramoneau. Grillé rallie, mais revient dans les jambes de son maître. « Vos chiens rapprochent un chevreuil, » me dit d'un ton goguenard le père Palicaud.

« Je ne sais, lui répondis-je ; en tous cas à la première ligne nous aurons du revoir. » A deux cents mètres plus loin, dans une large allée, nous voyons deux pieds de vieux loups se suivant, sur lesquels mes chiens arrivent en criant gaiement.

Grillé n'a aucune connaissance de la voie : après deux heures de rapprocher, Ramoneau et Talbot entrent dans les treillages d'Argentré ; la voie devient meilleure ; Grillé commence alors à se rabattre, et quelques instants après un superbe vieux loup vient nous passer en revue à cent mètres. C'était tout ce que nous en voulions : le père Palicaud accepta mes deux bons serviteurs. Ramoneau creva quelques semaines plus tard. Talbot vécut encore un an, occupant dans le cabriolet légendaire du père Palicaud, sur le vieux coussin en cuir, côte à côte avec son maître, la place jusqu'alors incontestée du Grillé détrôné, lequel jusqu'à la mort de Talbot, suivit à pied, la queue basse, son vainqueur et son maître.

Je ne sais si ce que je raconte intéressera mes lecteurs ; ils me pardonneront en tous cas la petite faiblesse que tout chasseur, à l'âme bien née, conserve éternellement pour les premiers compagnons de sa jeunesse, surtout quand ils ont été aussi remarquables que Black, Talbot et Ramoneau.

LA FORÊT DE CHINON

A quelques lieues d'Azay-le-Rideau, sur la rive gauche de l'Indre, à mi-côte d'un des riants promontoires qui dominent le cours de la Loire, se dressent les tours féodales du château d'Ussé.

Bâti au quatorzième et au quinzième siècle par les puissants seigneurs de Touraine, son état remarquable de conservation, les arbres splendides qui l'ombragent, le parc de 300 hectares qui lui sert de couronne, en font une des plus belles demeures en France.

Sous Louis XIV, Vauban l'habita; dans le siècle dernier, le maréchal de Duras le restaura, et sa petite-fille Félicie Durfort de Duras, veuve du prince de la Trémouille, l'apporta en dot à son second mari, le général comte Auguste de la Rochejaquelein, le troisième frère de cette trinité de héros qui s'appela Henri, Louis, Auguste.

Ce fut dans cette belle demeure que notre grand-oncle, le glorieux balafré de la Moskowa, nous donna, pendant près de vingt ans, une généreuse et cordiale hospitalité. Amateur passionné de la chasse à courre, le vieux gentilhomme voulut monter à cheval jusqu'à son dernier soupir. Tous les ans, pendant les mois de février et de mars mon frère et moi nous étions de service à Ussé.

Notre vieil oncle n'aimait que la chasse du chevreuil; son exemple n'a pas peu contribué à populariser dans le bas Poitou ce ravissant laisser-courre.

Après avoir traversé le parc d'Ussé, on arrive brusquement au plateau de la forêt de Chinon. Une lande de 1,500 mètres de large sépare le parc de l'entrée de la forêt. Dans le temps où nous y chassions, la forêt de Chinon était certainement une des plus belles qu'on puisse rêver pour courre un chevreuil. S'étendant de Chinon à Azay-le-Rideau, d'Ussé à l'Isle-Bouchard, sa contenance n'est pas moindre de 5,500 hectares. Une ceinture de 5,000 hectares de bois et de landes incultes, appartenant à des particuliers, l'entourait alors de trois côtés.

Or, ce jour-là, 10 février 1856, le temps est clair et vif, la terre humide de rosée; la meute impatiente est hardée en basse forêt, depuis une heure, au carrefour de Louis XI; les invités du général sont nombreux; les veneurs sont gais et pleins d'entrain : tout nous présage une chaude journée.

Il est onze heures; on attend le bon général, qui paraît enfin à l'extrémité de l'allée de Saint-Benoit, monté sur son cob transylvain, et qui débouche au petit galop.

Le comte de la Rochejaquelein venait d'entendre la messe dans la vieille église bénédictine.

Aussi bon chrétien que brave soldat, le général ne manquait pas d'assister tous les jours à la messe. Jamais devise *Pour Dieu et le Roi* ne fut plus vaillamment portée; aussi jamais personne ne fut-il plus respecté, plus entouré de légitime considération, plus aimé de tous ceux qui l'approchaient.

Avant le combat.

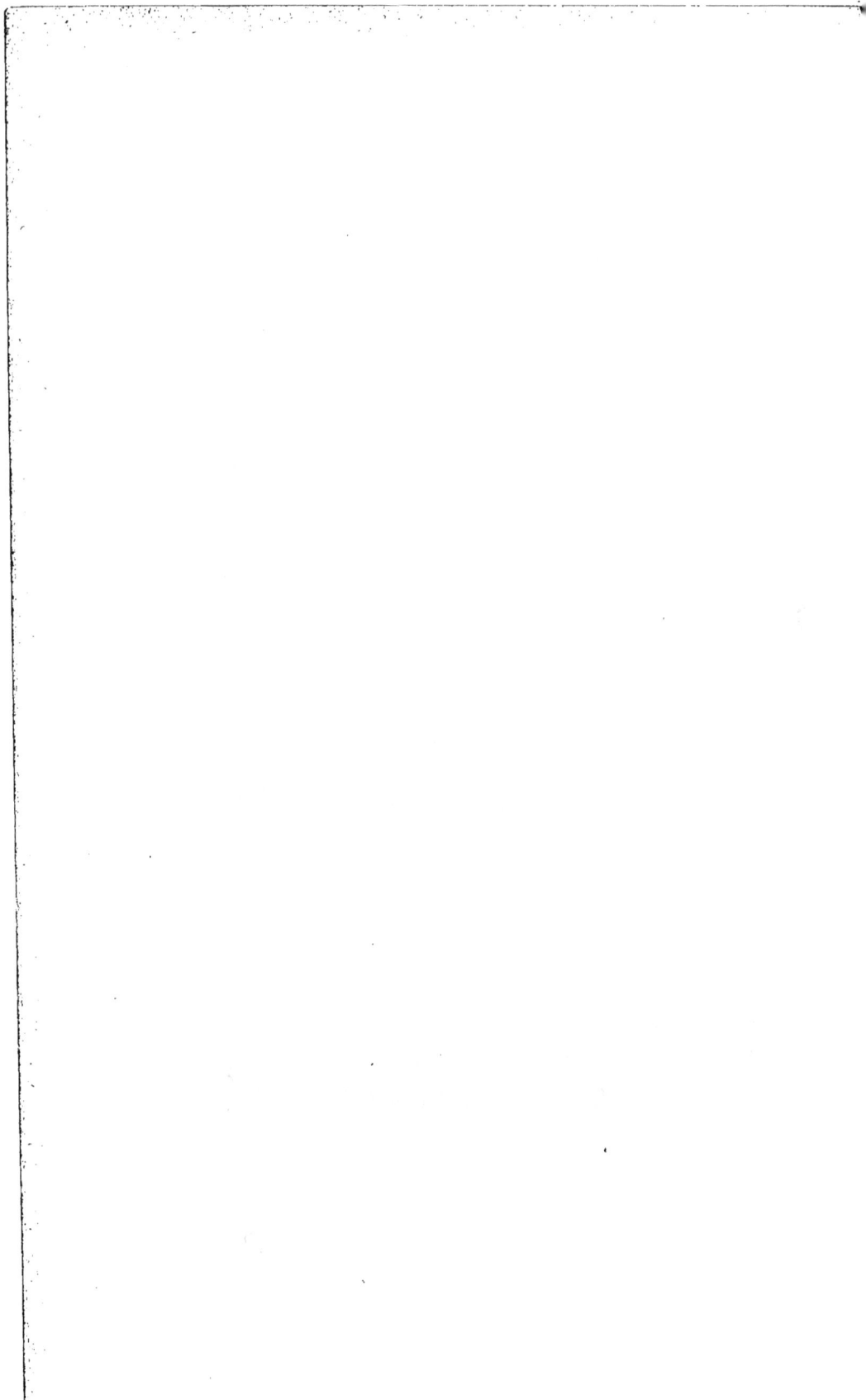

« Allons, jeunes gens, nous disait en arrivant le général, découplez vos chiens. Pourquoi m'avez-vous attendu? Vous savez bien que je vous rejoins toujours, et que je ne veux pas qu'on m'attende! »

Nous partons aussitôt, suivis de nos chiens découplés. Un brocard a été vu par corps, dès le matin, par le vieux garde d'Ussé, le père Rogeau, ancien grenadier à cheval des gardes du corps du roi Charles X, au moment même où il traversait l'allée de Mme de Quirit, se dirigeant vers le petit ruisseau le Regeau.

Nous frappons à la brisée : nos vieux chiens en reconnaissent de suite; toute la meute crie et rapproche gaiement. L'animal, après avoir sauté le Regeau, s'était remis à quelques centaines de mètres plus loin sur le sommet d'un plateau très élevé, qui domine la route de Chinon et la vallée d'Huismes, appelé *les Pringés*.

Lancé à vue sur un landas découvert, l'animal part à fond de train, longe les bordures du château de Beugny, vieille demeure des Puységur, traverse le Regeau près du chemin d'Ussé à Beugny et gagne le carrefour des Belles-Cousines. La meute ne lui laisse pas le temps de ruser : les gorges sonores de nos bâtards résonnent au loin, les trompes sonnent des bien-aller; les cavaliers suivent la chasse sous bois sans quitter la tête de leurs chiens; les futaies claires et rabougries de la basse forêt permettaient alors de suivre les chiens à la botte. Le véritable veneur n'éprouvait nulle part un plaisir plus vif. Sans cesse avec ses chiens, il pouvait à son aise admirer leur intelligence dans les graves difficultés, leur activité dans les nombreux retours du chevreuil, leur sagesse, leurs précieuses qualités, plaisir qui, pour moi, a toujours doublé celui de la chasse à courre.

Le brocard saute l'allée de Duras et se dirige vers le val de l'antique abbaye de Turpenay, dont il longe les murailles couvertes de lierre et les futaies depuis longtemps centenaires.

L'abbé de Turpenay, le beau Jean de Saintré, les Belles-Cousines! à toutes ces gaies légendes du bon vieux temps nous envoyons en passant un joyeux souvenir.

Bientôt nous voici au carrefour de Saint-Denis. A droite, c'est l'allée de Charles VII; à gauche, la Pucelle; plus loin, Xaintrailles, et de l'autre côté de la route de Chinon le carrefour de François Ier. Le brocard est entré là sous les futaies de la haute forêt, dans les enceintes mouillées des brûlis. Le change bondit à droite et à gauche. Les vieux chiens, et en tête Ramoneau, Ranfort, Talbot, restent sur la voie du brocard déjà très malmené; les jeunes chiens rallient à la trompe des veneurs qui suivent les vieux chiens de change. Le brocard est relancé et reprend la direction de la basse forêt.

La pluie des derniers jours a rempli les fossés d'assainissement. Le brocard a pris l'eau; et, après avoir longé l'un après l'autre tous les fossés de l'enceinte de Charles VII, il a si bien rusé que chiens et chasseurs tombent à bout de voie.

Nous avons beau prendre les arrières et les grands devants : le chevreuil s'est en quelque sorte évanoui.

Enfin, après deux heures de persévérance, l'un de nous, en se penchant pour regarder sous un ponceau, aperçoit le brocard couché dans l'eau et laissant paraître seulement sa tête et son bois en velours.

Un vigoureux coup de fouet le relève de sa paresse; il bondit au milieu de la meute. Ce n'est plus alors qu'une course effrénée. Après une pointe de 6 kilomètres, il vient faire son hallali dans le petit ruisseau du Regeau, à quelques pas de sa reposée habituelle.

Pas un des veneurs ne manque à l'hallali. Le général, monté sur son vaillant irlandais *Ratler*, est, malgré son grand âge, arrivé en même temps que les chasseurs. Sans ce long défaut de deux heures, la chasse n'aurait duré que deux heures et demie.

Il y a bientôt dix ans que le bon général n'est plus. Nous avons dit adieu à cette charmante forêt de Chinon, à ses souvenirs historiques qui nous rappelaient les plus beaux temps de l'histoire de France, Charles VII le Victorieux, la gente Pucelle, cette figure si chrétienne et si française qu'on a vainement tenté de dépoétiser, Xaintrailles, La Hire, François Ier, Louis XI...

On aimait, le soir, dans les vastes salles du château d'Ussé, au coin des grandes cheminées féodales, à causer avec le bon général, de l'antique gloire de la France, de notre chère Vendée. On devisait d'honneur et de chevalerie; on écoutait les récits du vieux gentilhomme sans peur et sans reproche, véritable Bayard des temps modernes. On s'acharne, en France, à tout niveler, à tout dépoétiser, à tout ramener au culte de la matière et de l'argent. Pour nous, qui avons eu l'insigne bonne fortune de connaître et d'aimer une des grandes figures du commencement de ce siècle, nous nous consolerons des tristesses du temps présent, en nous remémorant les années de notre jeunesse.

« *Meminisse juvabit.* »

LA FORÊT DU GAVRE

Aux portes de la petite ville de Blain, ancienne baronnie des Rohan, au duché de Bretagne, la forêt du Gâvre couvre de ses massifs de futaies un grand plateau de 4,500 hectares. Neuf larges allées se réunissent au centre de la forêt pour former une vaste esplanade, que les forestiers ont appelée le Rond, et qui sert de rendez-vous de chasse. Les lignes du Nord, de Carheil, de Blain, du Gâvre, des Malnoës, qui toutes aboutissent au Rond, sont les principales artères de cette belle forêt.

A l'époque où Louis-Philippe fit acheter au duc d'Aumale la terre des Coislin, Carheil, il voulut acquérir, dit-on, ce domaine de la couronne.

On estima à 12,000,000 les futaies du Gâvre, et la forêt resta la propriété de la couronne de France.

Depuis lors, les futaies ont continué d'être régulièrement exploitées, et le Gâvre a conservé ses grandes étendues d'arbres séculaires.

Du milieu de ce vaste plateau, des sources vives surgissent çà et là, et, joignant leurs eaux à l'écoulement naturel du sol, alimentent une grande quantité de canaux qui, rarement à sec, même l'été, donnent naissance pendant l'hiver à une multitude de petits cours d'eau. Avant de sortir de la forêt pour former la rivière du Gâvre, ils se réunissent dans les enceintes mouillées de la Madeleine, situées à l'est de la forêt, pour se jeter, près de Blain, dans le canal de Brest.

J'ai déjà dit, dans la *Chasse du chevreuil*, que le grand écueil du Gâvre, le seul même très sérieux, consistait dans ses nombreux cours d'eau, serpentant doucement sur un lit de cailloux, entre des berges très proprement entretenues, et dont le peu de profondeur, en temps ordinaire, permet aux chevreuils de les remonter aussi facilement que de les descendre.

Aussi, nombre de veneurs ont-ils été rebutés par cette difficulté, et la chasse du chevreuil dans une forêt où de tout temps on avait forcé des cerfs, des sangliers et des louvards, passe-t-elle à bon droit pour assez difficile.

Un de mes beaux-frères avait loué, il y a quinze ans, la forêt de Saint-Gildas-des-Bois, à 16 kilomètres du Gâvre. Notre séjour prolongé dans cette partie de la Bretagne nous donna l'idée de chasser quelques chevreuils au Gâvre.

Notre premier début fut heureux.

Attaqué au pont de Curin, à l'extrémité sud du Gâvre, un vieux brocard longe le périmètre de la forêt sur les bordures de Chassenon, rendez-vous de chasse de M. le baron de Lareinty, saute sur la route de Blain, et se harde avec deux chevreuils frais. La meute hésite, les chiens de change s'arrêtent et refusent la voie; c'était au temps où je possédais l'excellente *Bellone*, si fine, si intelligente, qui, sans hésiter, chassait l'*accompagner*, quand elle avait connaissance de la présence de son animal. Le brocard, déhardé au bout de vingt minutes, se dirige du côté des enceintes de la Madeleine. Il a pris une certaine avance; pendant près de deux heures, notre peu d'expérience des canaux du Gâvre rend inutile tout travail. Le brocard, après avoir suivi plusieurs canaux, était arrivé à une bifurcation; pendant près de 2 kilomètres, il avait remonté le cours paisible de l'un d'eux. Ce ne fut qu'en prenant nos *grands devants* qu'un de nos bons chiens le relança à quelques mètres de la grand'route de la Turballe, près des Malnoës, à l'extrémité nord de la forêt. Le brocard, ramené vivement vers le Rond, passe par le Chêne-au-Duc et les pins d'Irel. Une heure après le relancer, nous sonnions notre premier hallali sur la ligne de Carheil, à 500 mètres du Rond.

Mis en parallèle avec la forêt de Chinon, le Gâvre peut avantageusement soutenir la comparaison. Si la première offrait autrefois peu de difficultés dans un *bat-l'eau*, aujourd'hui de nombreux semis de sapins rendent impraticables aux cavaliers certaines enceintes de la haute et basse forêt.

Le Gâvre n'a pas changé de physionomie : avec ses grandes clairières, ses immenses *landas*, ses futaies séculaires, ce sera longtemps encore une des plus belles forêts qui existent pour suivre les chiens de près et forcer un chevreuil. Les difficultés vaincues ne font d'ailleurs que donner au succès un charme plus vif : à la chasse comme à la guerre, sera toujours vrai le proverbe

A vaincre sans péril on triomphe sans gloire.

LA FORÊT DE VEZINS

La forêt de Vezins, sise en Anjou, sur les confins de l'ancienne province du Poitou, s'étend sur une surface d'environ 2,000 hectares, entre Maulevrier et Vezins, Cholet et Yzernay. Ses deux massifs principaux, le Breuil-Lambert et Vezins, sont séparés par une lande de 400 hectares, que les gens du pays désignent sous le nom de *Lande de Gentil*.

C'est à peu près le seul débucher que prennent les cerfs que nous attaquons, soit au Breuil-Lambert, au nord-ouest de la lande, soit dans les basses forêts de Maulevrier et de Vezins, à l'est de cette même lande.

Les étangs des Noues, de Croix, de Cayenne et de Péronne, tous quatre célèbres dans les fastes de la vénerie de l'Ouest, fournissent au fauve, hiver comme été, une eau abondante.

Au sortir de la grande Révolution, les descendants des chasseurs de la Morelle, que la Terreur n'avait pas égorgés, se réunirent, pour la première fois, à Vezins, et y continuèrent les glorieuses traditions de la grande vénerie française.

MM. Louis et Auguste de la Rochejaquelein, Baudry d'Asson, de la Bretesche, de Chabot, de Montsorbier, etc., trouvèrent toujours chez le baron de Vezins une cordiale hospitalité.

J'ai raconté plus haut comment les grands chiens blancs du bas Poitou, orgueil des chasseurs de la Morelle, avaient disparu, et comment, par le croisement d'un chien blanc échappé au cataclysme de 93 comme par miracle et appartenant à M. de Vaugiraud, avec des briquettes à poil dur et à poil ras, la race de Vendée avait été créée.

Ces messieurs, à force de patience et de science formèrent, avec ces éléments incomplets, cette belle race si estimée *des chiens de Vendée.* Moins résistant, plus fou de chasse que le chien blanc du roi, le vendéen régna en souverain jusqu'à l'apparition des bâtards anglais. Avec lui, il fallait disposer des relais, se garder surtout du change; et néanmoins ces messieurs prirent beaucoup de cerfs à Vezins.

Aujourd'hui, à l'exception des vieux chiens de rapprocher que nous mettons en relais, nous découplons toute la meute sur la voie d'un cerf déhardé; et telle est l'intelligence de nos bâtards, qu'il est rare que, dans le cours de dix ou de douze chasses, nous ayons plus de deux ou trois changes à redresser, et cela avec une meute composée de cent chiens environ, appartenant à cinq ou six équipages différents, chassant rarement ensemble.

Tous les ans, la première réunion de Vezins a lieu le jour de la Saint-Hubert, à moins que ce jour ne coïncide avec le dimanche. Les meutes sont hardées au *Chêne-Brûlé,* rendez-vous habituel des premiers laisser-courre. Les cavaliers arrivent de toutes parts, les voitures découvertes sont nombreuses et remplies de belles châtelaines; c'est vraiment la fête du pays. Aussi les chasses de Vezins ont-elles un aspect éminemment typique et plein d'originalité.

La plus franche cordialité règne en souveraine; jamais de

querelle, jamais la moindre dispute : les veneurs s'abordent gaiement, devisent de leurs succès et de leurs espérances. Chacun va faire une visite obligée aux meutes de ses voisins; on se montre les jeunes élèves de l'année, on flatte de la main les vieux chiens de change, et, si quelque observation est jugée utile, elle n'est jamais malveillante.

Il est de règle, à Vezins, que tout le pays doit s'amuser : aussi nulle part ne voit-on une plus grande affluence de voitures de toute provenance et de forme extraordinaire, de cavaliers et de chevaux avec ou sans selle, sans bride souvent, un simple licol leur servant à la fois de mors et de filet; de piétons de tout âge, de tout sexe, de toute condition.

Parfois le veneur sérieux pourrait s'attrister en pensant que cet encombrement doit nuire à un laisser-courre correct... Mais le spectacle de tout ce peuple en liesse désarmerait, j'en suis sûr, le chasseur le plus grincheux ou le moins patient.

A quelques kilomètres du Chêne-Brûlé, au milieu d'un parc verdoyant, orné de grands arbres, s'élève le château de Vezins, dont le propriétaire actuel, le baron de Vezins, continue les nobles traditions de ses ancêtres. Du côté opposé, et à 3 kilomètres seulement du rendez-vous, le château de Vilfort, demeure du vicomte de Chabot, dresse, au milieu d'un parc charmant, ses hautes tours blanches et ses lucarnes ogivales qui rappellent l'architecture anglaise... Demeures hospitalières entre toutes où les chasseurs vendéens se réunissent chaque année et dont ils gardent le plus reconnaissant souvenir.

Nous sommes au 4 novembre 1866; les veneurs, arrivés de la veille dans leurs cantonnements, échangent au rendez-vous de cordiales poignées de main pendant que les piqueurs frappent à la brisée.

Soudain retentit la joyeuse fanfare « la Royale ». On a lancé un magnifique dix cors dans l'enceinte des Trois-Plessis, forêt de Maulevrier : le cerf est seul et les chiens de rapprocher ont été de suite arrêtés par les piqueurs.

C'est toujours un beau spectacle pour un veneur qui a le feu sacré, qu'une attaque avec quatre-vingt-dix ou cent chiens, surtout quand ces chiens sont distingués, grands, bien marqués, irréprochables de construction, avec de belles gorges et une noble ardeur.

La meute, tenue sous le fouet jusqu'à la brisée, s'élance comme un ouragan, et, jusqu'à la prise, ce ne sera plus qu'un hallali courant, tant les chiens sont bien ralliés, tant est belle et vibrante la musique de ces cent voix. Le cerf avait été vu par corps, aussitôt après le lancer, sur la ligne du Bâtiment aux Baudières, rentrant dans la Grand'Herse.

Les chiens, à peine découplés sur la voie saignante, relancent le dix cors qui s'est remis à quelques pas seulement de la ligne, dans les fourrés impénétrables de la Grand'Herse. L'animal retourne au lancer, cherche le change et revient à vue de tous les chasseurs, *voie pour voie*, dans l'enceinte de la Grand'Herse. Après s'y être fait battre comme un lapin pendant une demi-heure, il saute la route de Chanteloup à Yzernay et entre dans l'enceinte des Martyrs.

C'était au temps de la lutte gigantesque que soutenait si vaillamment la Vendée contre la Terreur. Stofflet, ancien garde-chasse du marquis de Colbert-Maulevrier, était général en chef des débris de l'armée catholique et royale : il avait établi, au centre de la forêt, un hôpital où femmes, enfants, vieillards, soldats blessés *blancs* ou *bleus*, étaient également soignés et protégés. Un jour, un traître vendit à un misérable dont je tairai le nom, le secret de l'asile, et les Bleus massacrèrent *tout*, malades et blessés, amis et ennemis. Depuis lors, le comte de Colbert a fait élever une superbe chapelle au centre du *Champ des Martyrs*; tout le pays vient y prier; le nom des bourreaux est oublié, le souvenir seul des victimes durera toujours.

Le dix cors longe les murs de la chapelle des Martyrs et se dirige à fond de train vers l'étang de Croix à l'extrémité de la forêt de Maulevrier.

Il a eu le temps de prendre l'eau et de retourner assez loin sur ses doubles voies. Relancé à vue par la meute dans les semis de Vilfort, le pauvre dix cors perd la tête, traverse en diagonale la forêt de Maulevrier, les enceintes de Vezins, le Buisson-au-Loup, le Camp-au-Lièvre, effleure les futaies de Cayenne, et se jette à l'eau dans l'étang de Péronne. Au moment où, des hauteurs de Péronne, on apercevait le dix cors aborder le rivage opposé et prendre le débucher de la lande, ce fut encore un beau spectacle que celui de voir en même temps la meute s'élancer à l'eau à la suite du noble animal. Mais déjà il avait disparu derrière les plis du terrain, quand chasseurs et chiens reprirent la voie du dix cors à la sortie de Péronne. Figurez-vous cinquante cavaliers en habit rouge, montés sur des chevaux rapides et brillants, galopant côte à côte avec cent chiens, et vous aurez une idée de ce splendide débucher.

Le cerf, après avoir traversé la lande et la partie du Breuil-Lambert qui s'étend jusqu'à la barrière de la Mancellière, s'était accompagné avec un daguet et deux biches et s'était ensuite remis à quelques pas de la route de Nuaillé à Tout-le-Monde.

Relancé par la meute, il ne tarde pas à être déhardé. C'était, hélas! sa dernière ruse. Soit qu'il ne se sentît pas le courage de piquer droit à l'étang des Noues, soit que le pauvre animal eût été dérangé par quelque cavalier, nous eûmes la joie de le voir reprendre ses doubles voies; à la grande satisfaction des dames qui attendaient son retour, il traversa de nouveau la lande Gentil et vint sauter la grande route de Maulevrier à Vezins, au beau milieu des voitures et des curieux. En arrivant à l'étang de Péronne, il est rejoint par la meute, qui le noie après un bat-l'eau splendide d'un quart d'heure.

Le vieux dix cors portait quatorze. Il avait tenu bon pendant trois heures et demie d'une chasse très vivement menée.

Je ne dirai rien de la curée; toutes se ressemblent. J'oubliais cependant de noter un détail. A peine la nappe est-elle enlevée, que les gens du pays se chargent de la curée, et même *ce sont eux qui font curée*, ne laissant aux chiens que les os blanchis et les entrailles du cerf; c'est à qui se précipitera pour en couper un quartier... tous veulent *manger du cerf!...* Ordinairement, nous prenons chaque année et de la sorte sept ou huit cerfs à Vezins. Les laisser-courre y sont toujours charmants, pleins de gaieté et d'entrain. Mais, je le répète, la physionomie typique de ces réunions, c'est surtout la joie et le plaisir qui se trahissent sur tous les visages et dans l'attitude des gens du pays. Aussi, tant que le Vendéen restera *Vendéen*, il aimera la chasse royale du cerf, les veneurs et les chiens.

LES TERRAINS DE CHASSE DE LA VENDÉE

Le département de la Vendée entretient plus de meutes à lui seul que les cinq départements qui l'avoisinent.

Le goût de la chasse à courre et celui de l'élevage des chiens sont restés populaires dans cette partie du Bocage poitevin.

Les forêts sont cependant peu nombreuses, d'une étendue bornée, et par suite médiocrement peuplées de grands animaux.

La plus belle de toutes, Vouvant, qui appartient à l'État, a été repeuplée de fauves par les soins intelligents de la société de Rallye-Vendée, il y a environ quinze ans. C'est la seule forêt du reste où nous puissions conserver des hardes de cerfs et de biches, et quelques rares sangliers. Le loup a totalement disparu; le chevreuil l'a très heureusement remplacé; le lièvre et le renard abondent encore, et de nombreux équipages les chassent habituellement, *à cor* et *à cris*.

Possédée pendant plusieurs siècles par les Lusignan, la forêt de Vouvant s'étend à l'est et au sud des châteaux de Vouvant et de Mervent, célèbres dans les vieilles chroniques du bas Poitou. Ils furent bâtis et habités par la fée Mélusine,

Eustache Chabot, mère des Lusignan, appelée sans doute à cause de cela *Mèrelusine*, et par corruption *Mélusine*.

C'était au centre de cette forêt pittoresque, traversée par deux rivières, la Mer et la Vendée, parsemée de coteaux abrupts et escarpés, dans un pays des plus accidentés, au milieu de vastes étendues couvertes d'énormes blocs de rochers entassés les uns sur les autres et qu'on appelle encore le *Déluge*, que la fée Mélusine composait ses philtres et préparait ses enchantements.

Une des plus belles grottes de la forêt de Vouvant est aujourd'hui visitée par de nombreux pèlerins. Les gens du pays la connaissent sous le nom de *Grotte du père Montfort*. Vers la fin du dix-huitième siècle, ce pieux cénobite y passa une partie de sa vie dans la mortification la plus austère.

La société de *Rallye-Vendée* invite tous les ans, à deux époques différentes, l'élite des chasseurs du pays à courir des cerfs dans cette pittoresque mais difficile forêt de Vouvant.

Habitués à prendre l'eau sans cesse, rarement les cerfs y font de longues fuites, et, comme les bords de la Mer et de la Vendée sont très escarpés et à peu près impraticables pour les chevaux, les chiens sont obligés de faire, presque tout seuls le travail du *bat-l'eau*. C'est une difficulté dont nos excellents chiens et nos bons veneurs se tirent à merveille. Rarement on sonne à Vouvant la *retraite manquée*, ce qui assurément ne surprendra personne. De vieille date, le public a su apprécier le mérite des veneurs poitevins et l'excellence de leurs chiens.

A douze lieues à l'ouest de Vouvant, se trouve la forêt de la Chaize-le-Vicomte; séparée seulement par un débucher

CHASSE DU CHEVREUIL.

d'environ 2 kilomètres de celle des Essarts, elle forme avec cette dernière un massif d'environ 900 hectares de taillis plus ou moins épais.

J'ai déjà dit que la forêt de la Chaize servait, avant la Révolution, de rendez-vous habituel aux chasseurs de la *Morelle*. Dans ce temps-là, le bas Poitou était très peuplé de cerfs et de loups, et les sociétaires de la Morelle, après avoir attaqué un cerf à la Chaize, allaient souvent le prendre à cinq lieues de là dans la forêt d'Aizenay débuchant par les bois des Gâts et les landes du Chêne-Rond; ou bien encore atteignaient la forêt de *Grâlas*, d'une contenance encore aujourd'hui d'environ 500 hectares. Ces trois forêts sont aujourd'hui, les deux premières surtout, peuplées de chevreuils. Au nord des Essarts et à trois lieues et demie environ, la forêt du Parc-Soubise s'étend sur une longueur d'environ 5 kilomètres et sur une profondeur qui varie de 1,500 mètres à 2,000 mètres. C'est une petite forêt de 650 hectares seulement, peuplée de chevreuils très bien acclimatés et importés depuis une trentaine d'années.

Ces chevreuils de nos forêts de la Vendée versent chaque année leur trop-plein dans une quantité de boqueteaux. Avec les lièvres et les renards, ils servent à alimenter les goûts d'un grand nombre de maîtres d'équipage, et à varier leurs plaisirs.

J'ai dit, ailleurs, que tous les ans, la Saint-Hubert réunissait à Vezins l'élite de nos veneurs vendéens, et que ces grandes assemblées, où la cordialité régnait en souveraine, avaient chaque année le même attrait.

Malheureusement le courre du chevreuil dans une forêt

vive nécessite un nombre de chiens limité; plus d'un propriétaire de forêt se voit obligé de restreindre ses invitations,
et de se priver ainsi du plaisir de chasser avec beaucoup
d'amis. Au Parc-Soubise, mon frère et moi, nous chassions
habituellement avec M. de la Débutrie, un maître *ès arts*,
bien connu du monde cynégétique. Avant de raconter une
de nos chasses, qu'il me soit permis d'introduire le lecteur
dans le château du Parc-Soubise, au temps du bon roi
Henri IV.

Le Béarnais n'était encore que roi de Navarre : les gentilshommes du bas Poitou étaient alors partagés en deux
camps; les uns tenaient pour la Ligue, les autres pour la
Réforme. A la tête de ce dernier parti, brillait au premier
rang la célèbre Catherine de Parthenay, femme du duc de
Rohan, mère de quatre filles non moins illustres et toutes
quatre dans l'éclat de la jeunesse et de la beauté.

Catherine et ses filles n'eurent pas de peine à attirer à la
Réforme une quantité de jeunes gentilshommes séduits par
les grâces, le bel esprit, les qualités de toutes sortes de ces
femmes remarquables.

L'état de maison que Mme de Rohan entretenait au Parc-
Soubise faisait ressembler cette belle résidence à une petite
cour. Aussi notre galant Béarnais venait-il s'y reposer souvent, chasser et *deviser d'amour*, après ses rudes expédi-
tions. Plus heureux encore à la guerre qu'au *jeu d'amour*,
il s'attira au Parc-Soubise, de la part d'une des filles de
Catherine de Parthenay, appelée aussi Catherine, une ré-
ponse digne de cette noble *damoiselle*.

Un soir, Henri de Navarre, en se retirant dans ses appartements, se trouva seule avec la belle Catherine. En amour,

comme à la guerre, le Béarnais allait droit son chemin : « Mademoiselle, lui dit-il, par où faut-il passer pour aller dans votre chambre? — Par l'église, Sire, » lui répondit la fière jeune fille. Henri IV se le tint pour dit et se contenta depuis lors de chasser dans la forêt du Parc.

Le cerf, le sanglier et le loup abondaient alors.

C'était une fête pour tout le pays que de chasser avec le roi de Navarre, et le Béarnais recruta dans ces réunions bon nombre d'amis, quantité de capitaines solides et vaillants. Le rendez-vous de chasse d'Henri IV s'appelle encore le *Grand-Relais :* le chêne qui du temps du roi de Navarre occupait le centre du rendez-vous existe encore et mesure 6 mètres 50 de circonférence; ce vénérable témoin du passé a toujours conservé le nom de « chêne d'Henri IV ».

Le 25 mars 1869, jour de la clôture de la chasse à courre, nous avions donné rendez-vous à M. de la Débutrie au *Grand-Relais*, au pied du chêne d'Henri IV. Attaqué par les quarante chiens qui composaient nos deux meutes, un brocard dont la tête était entièrement refaite, saute seul l'allée du Buisson-Rond. La meute, bien ralliée et parfaitement ameutée, le mène grand train à travers les ventes du Pas de la forêt, l'enceinte au Diable, Blanche-Noue, les Parquets, et l'oblige à prendre l'eau à l'étang du Cellier : le temps est sec et chaud; les chiens ont peine à saisir la voie; le chevreuil est sorti de l'eau en prenant de l'avance et s'est forlongé. Pendant trois heures, chiens et veneurs travaillent de leur mieux; le chevreuil a *battu le change*, dans toutes les enceintes de la forêt; il a traversé les ventes de Hucheloup, de Chauvin, Chante-Merle et toute la petite forêt. Relancé enfin sur les bordures des Fosses-Noires, le pauvre animal se dirige en droite ligne sur le château du Parc, et s'élance dans l'étang de 30 hectares qui étale ses belles eaux au pied du vieux manoir.

Le pauvre animal a épuisé le reste de ses forces; après avoir traversé en diagonale cette vaste nappe d'eau, il se couche le long d'une palisse à 100 mètres du bord; nos chiens n'osent pas traverser l'étang : ils se mettent à l'eau, mais bientôt reviennent à nous. Nous avions été témoins de cette dernière ruse du pauvre brocard. Suivis de nos chiens, nous fîmes le tour de l'étang : le chevreuil, relancé à vue, fut pris en entrant à l'eau pour la deuxième fois. Les piqueurs apportèrent le brocard sur l'esplanade du vieux château où se fit aussitôt la curée, au son des joyeuses fanfares de circonstance, l'Hallali, le Chevreuil de Bourgogne, l'Hallali courant, la Saint-Hubert, les Honneurs du Pied, et la Calèche des Dames.

Je me suis peut-être trop étendu sur mes souvenirs de veneur, pour intéresser jusqu'à la fin mes aimables lecteurs; j'ai dû répéter parfois la même chose, heureux cependant si j'ai pu distraire et intéresser quelque bon compagnon de chasse, et surtout quelque vieil ami qui peut-être se sentira rajeunir en se rappelant encore les bonnes campagnes que nous avons faites ensemble *pour saint Hubert et les dames.*

LA GASTINE DE DU FOUILLOUX

La partie de l'ancienne province du Poitou qui s'appelle encore de nos jours la Gastine s'étend entre Bressuire, Niort, Saint-Maixent et Parthenay. Jacques du Fouilloux, seigneur de Saint-Martin en Gastine, nous a conservé la description de ce pays à part, théâtre des exploits de *tout genre* du célèbre veneur poitevin.

De nos jours, l'aspect de la Gastine est à peu près le même, il s'est à peine modifié. Les landes, cependant, ont été en partie défrichées, les bois, mieux aménagés, les cours d'eau, élargis et régularisés; les bourgs sont aussi plus peuplés; les habitations des paysans sont mieux bâties et plus aérées.

Les Gastinois sont encore, comme au temps de Jacques du Fouilloux, un peuple de pasteurs et d'éleveurs émérites : grâce à eux, la France a conservé pure de tout alliage la première race de travail qui soit au monde, la *race parthenaise*. D'un caractère gai et vif, le Gastinois chante toujours quand il conduit à la charrue ses beaux bœufs gris froment, à la tête haute, armée de cornes fines et blanches, à l'œil fier, aux jarrets d'acier, aux lignes longues et accusées du véritable bœuf de travail. De son côté, et comme au temps de l'adolescence de du Fouilloux, la bergère de la Gastine chante toujours, en gardant ses agneaux et en filant la fusée de sa

quenouille, sa douce chansonnette d'amour ou la ronde poitevine qu'elle aura apprise aux dernières veillées.

Le pays de Gastine ressemble, tant il est boisé, à une vaste
forêt; sous ce rapport, il a mieux conservé sa physionomie
que le Bocage vendéen. De vastes étendues sont exclusivement consacrées à la pâture des vaches et à l'élevage des
jeunes animaux de race parthenaise. Les genêts, qui ont totalement disparu du Bocage de la Vendée, occupent encore
la moitié ou au moins le tiers des métairies. Entourée de *tê-
lards* qui fournissent au fermier son bois de chauffage, les
pâtures de la Gastine sont solidement renfermées par des
haies vives très élevées et chaque année *fressées* solidement
avec des branches de chêne; en sorte que les animaux qui
pâturent dans ces champs ne peuvent en sortir ou y entrer
que par les *claies* qui, une fois fermées, en interdisent l'ac-
cès. Un abreuvoir ménagé au centre de chaque champ permet aux Gastinois de laisser au dehors leurs animaux, souvent pendant plusieurs semaines, sans avoir besoin de les
rentrer la nuit à l'étable.

Ce fut ce pays ainsi *clôturé* et aussi difficile pour la chasse
à courre, entrecoupé de ruisseaux et de vastes étangs, de
landes et de taillis épais, qui fut le théâtre des *exploits* de
notre *bon du Fouilloux*.

J'avais déjà pris plusieurs cerfs dans la haute Gastine, dans
les environs de Parthenay, chez Mme la marquise de Montsa-
bré et chez un ami du général de la Rochejaquelein, M. Chevallereau de Cely; mais je n'avais jamais chassé de cerf dans
les environs de Bressuire, en basse Gastine, pour une bonne
raison, digne de M. de la Palisse, c'est qu'il n'en *existait
plus*.

En 1851, on apprit dans le pays qu'un cerf dix cors parcourait les petits boqueteaux appartenant à M. le marquis de la Rochejaquelein ; ceux de la Mare, d'Hérisson, de Neuvy, des Mothes, etc., simples taillis de peu d'étendue séparés les uns des autres par des landes incultes ou de vaines pâtutures.

Ce cerf voyageur avait été vu près du bourg de Chiché, dans les bois d'Amaillou, dans les forêts de Vernouc et de Chantemerle, près de l'Absie ; enfin, un peu partout. Il était rare que cet animal restât plusieurs jours de suite dans le même endroit ; c'était un cerf voyageur par excellence.

Il avait été souvent lancé par de petits équipages de renard et de lièvre, mais toujours sans succès. Des meutes sérieuses l'avaient même attaqué. Sa vigueur extraordinaire semblait défier et le fond des meilleurs chiens et la persévérance des veneurs. En 1852, nous avions réuni notre meute à celles de MM. de la Débutrie et Anatole d'Autichamp. Le cerf, lancé de près, avait été couramment chassé pendant cinq heures par soixante-dix bâtards anglais, sans que son allure trahît la moindre fatigue ; dans le pays, il passait pour *sorcier*.

Ce cerf avait en outre des mœurs assez singulières : que de fois, nous trouvant réunis dans l'ancienne demeure des Lescure, au château de Clisson, chez notre oncle, le marquis de la Rochejaquelein, n'avons-nous pas entendu dire par les paysans : « Nous venons vous avertir, Monsieur le marquis, que ce matin au lever du soleil, en allant voir si *nos bêtes* étaient encore au champ, nous avons vu le cerf *après nos vaches !* »

Je ne sais pas si les naturalistes ont jamais observé ce fait *curieux* d'un cerf seul dans un pays sans biches et au moment du rut; en tout cas, il est certain et de notoriété publique en basse Gastine.

Le marquis ne manquait jamais de dire au paysan : « Si ta vache se trouve pleine, élève soigneusement son produit, je te le payerai cher. »

Inutile d'ajouter que ces unions bizarres et accidentelles sont restées absolument infécondes.

Le 18 novembre de l'an de grâce 1853, nous nous étions donné rendez-vous à Étrie, près de Chanteloup, chez M. Alfred de la Roche-Brochard, MM. de la Blotais, Julien de la Rochejaquelein, de Lescours, de la Roussellière et moi, pour attaquer au bois de la Mare le fameux cerf *sorcier*. Notre désappointement fut grand le lendemain matin de ne pas trouver au bois de la Mare, où le cerf était rembûché à bout de trait, M. de la Débutrie et sa vaillante meute : que faire avec quinze chiens seulement pour attaquer avec quelque chance de réussite un cerf aussi vigoureux?

Nous n'hésitâmes pas cependant, et, après nous être recommandés à saint Hubert, nous découplâmes nos quinze bâtards sur la voie saignante. Il était dix heures juste.

Lancé de volée et à vue, à cinquante pas du découpler, le cerf débuche aussitôt vers les étangs des Mothes, traverse la grande route de Bressuire à Niort, non loin de la chapelle de Notre-Dame-de-Pitié, et se dirige vers les bois de Vernoue.

Pendant huit heures, le noble animal se défend vaillamment; il faisait nuit close depuis plus d'une heure quand le soir, vers six heures, nous le laissâmes pour ainsi dire à l'hallali courant, après l'avoir fait sortir de l'étang du Fonteniou.

La seule ruse du pauvre cerf consistait pendant la chasse à ménager ses forces et à se remettre sans cesse au milieu des animaux qui, comme je l'ai dit plus haut, pâturent en liberté dans les genêts de la Gastine.

Maintes fois nous l'avons vu entrer dans un champ, se mêler au troupeau, le pousser devant lui avec ses bois, lui faire faire ainsi plusieurs fois le tour de la pâture pour effacer ses voies et se coucher ensuite au milieu d'une touffe de genêts.

Pour aider nos chiens, nous étions obligés de les suivre pied à pied, ce qui, dans un tel pays, n'était pas une petite besogne. J'ai dit pourquoi les clôtures de la Gastine étaient si solidement établies; aussi avions-nous constamment nos couteaux de chasse à la main pour frayer un passage à nos pauvres chevaux épuisés par une si longue chasse et des efforts aussi répétés.

Le cerf fut relancé à vue plus de vingt fois et mené à fond de train par nos quinze bâtards anglais.

Au bout de huit heures de chasse il était visiblement fatigué, mais *non pas pris*.

Nous le fîmes sortir, à l'aide d'un mauvais bateau, à six heures du soir, de l'étang du Forteniou où nous craignions de le voir rester sans pouvoir l'atteindre à cause des nombreuses îles flottantes qui couvrent la surface de l'eau et des ténèbres épaisses d'une nuit obscure. Nous brisâmes à l'endroit où le cerf était sorti de l'eau et nous campâmes dans le pauvre village de Vernoue où, après avoir *pansé* nous-mêmes nos chevaux, nous fîmes un mauvais dîner de quelques œufs durs et d'une espèce de noir brouet qu'on appelle dans tout le Bocage « de la *fressure* ».

J'envoyai pendant la nuit un exprès me chercher à quatre lieues de là un excellent chien dont je prévoyais avec raison avoir besoin le lendemain pour faire un travail que la gelée et le brouillard glacé de la nuit rendirent véritablement difficile.

A huit heures du matin, nous frappions à la brisée : j'avais découplé dix de mes chiens, ceux du plus haut nez pour rapprocher et les plus vigoureux pour pouvoir prendre le cerf, dans le cas où, une fois relancé, il ne *fît sa fuite* vers les bois de la Marc sans retourner du côté de la chaussée de l'étang, où le relais de mes six derniers chiens avait été disposé.

Après un rapprocher admirable qui dura depuis huit heures jusqu'à onze heures et demie, pendant lequel nous eûmes à débrouiller pied à pied bien des doubles voies sur les *allées* et les *retours* de la veille, tantôt perdant le *vol-ce-l'est* sur des landes ou sur des chemins pierreux, ou la *voie* sur des prairies mouillées et à demi glacées ; obligés parfois de découvrir avec nos mains le long des buissons boisés le pied du cerf que les feuilles tombées pendant la nuit sous le poids du brouillard converti dès le matin en givre avaient entièrement recouvert, nous eûmes un moment de grande joie, quand nous vîmes bondir au milieu d'un champ de genêts épais le pauvre animal que le nez de nos chiens et notre patient travail venaient de dépister dans sa dernière retraite. Ce fut un bon moment pour tous les jeunes veneurs.

Le cerf, mené avec une grande vitesse et toujours à vue par ces dix chiens, fut heureusement *donner du nez* dans le relais volant.

Nous eûmes alors le plus bel hallali courant qui se puisse

imaginer. Cet incroyable cerf tint encore pendant une heure quarante minutes. Relancé sans cesse le long des palisses et des fossés, absolument comme un lièvre sur ses fins, il tomba raide mort et comme frappé d'apoplexie en entrant à l'eau dans l'étang de la Bouinière, sans que les chiens eussent le temps de le renverser et sans qu'il reçût un seul coup de couteau.

Je le vois encore entrer à l'eau, s'arrêter brusquement, regarder une dernière fois les chiens et les chasseurs, trembler de tout son corps et s'affaisser tout à coup dans l'eau comme foudroyé et sans faire un mouvement.

Nos fatigues étaient oubliées; nos chiens et nos chevaux avaient seuls besoin d'un long et légitime repos, après deux journées aussi rudes.

Sur sept chevaux qui fournirent cette chasse extraordinaire, cinq ne s'en relevèrent pas.

Tous ceux qui ont pris part à cet émouvant laisser-courre vivent encore; ils s'en rappellent comme moi tous les moindres détails.

CHAMBORD

A l'entrée de la Sologne, pays de chasse unique en France par le nombre de ses grands fauves, ses beaux terrains de chasse, ses immenses forêts, ses brillantes réunions, à quelques kilomètres seulement du Val de la Loire et de la charmante ville de Blois, se dressent les tours féodales et la célèbre lanterne du château de Chambord.

Bâtie sous François Ier, par Pierre Lenepveu en 1533, et décorée par les grands artistes français de la renaissance, Cousin, Pilon, Jean Goujon, cette merveille architecturale attire tous les ans l'élite des touristes de France et de l'étranger.

François Ier en avait fait son principal rendez-vous de chasse et son séjour favori. On lit encore sur un des carreaux de la chambre du roi ces deux vers qu'il grava, dit-on, avec la pointe d'un diamant :

> Souvent femme varie,
> Bien fol est qui s'y fie.

Entouré d'un parc de 4,500 hectares dont la plus grande partie est en taillis, les pieds baignés par les eaux limpides du Cosson, Chambord a grand air, et tel qu'il convient à une résidence vraiment royale. Le nom de celui qui par reconnaissance l'a adopté pour le sien en rehausse encore l'éclat.

Les légitimistes avaient acheté Chambord de leurs deniers, pour l'offrir au jeune fils de S. A. R. Monseigneur le duc de Berry. Depuis lors, Henri de France s'appela « Monsieur le comte de Chambord ».

Le château royal, détaché de la couronne, a été possédé par le roi Stanislas de Pologne, par le maréchal de Saxe, la famille de Polignac, et, en dernier lieu, par le maréchal Berthier. Il fut à peu près abandonné par ses derniers possesseurs, qui n'avaient pas la fortune nécessaire pour entretenir cette immense demeure et l'empêcher de se dégrader. M. le comte de Chambord employait tous les ans les revenus souvent insuffisants de ce grand domaine à réparer les injures du temps.

Les appartements ne sont pas meublés; le seront-ils jamais par son propriétaire actuel? Dieu le veuille pour le bonheur de notre pays.

Jusqu'à sa mort, un des plus fidèles serviteurs de M. le comte de Chambord, le général de la Rochejaquelein, avait seul la permission de chasser à courre dans le parc royal.

Très peuplé de cerfs et de chevreuils, situé dans un terrain plat et par suite très favorable à la chasse à courre, Chambord réunissait tous les ans, au mois de mars, les nombreux invités du bon général. MM. de Puységur, de Vibraye, de Lorge, de Beaucorps, de Champgrand, etc., etc., et, avec eux, l'élite des veneurs du Blaisois, étaient heureux de finir leur saison de chasse en compagnie du *vieux Balafré*.

Mon frère et moi, nous eûmes plusieurs fois la bonne

fortune d'accompagner le général à Chambord. Trois années de suite, après notre déplacement habituel à Ussé, nous eûmes ainsi le plaisir de joindre notre équipage à celui de MM. de Puységur et de forcer, avec les deux meutes réunies, plusieurs vieux dix cors.

Entouré de murs de 3 mètres de hauteur, le parc est traversé par trois grandes routes qui conduisent à Blois, à Bracieux, à Mer, et qui rendent très agréable la chasse du cerf.

Ce ne sont plus ces immenses débuchers de Sologne où l'animal vous mène à dix et douze lieues du lancer, avec huit ou dix lieues de retraite et *souvent plus*. A Chambord, les cerfs longent fréquemment les murs du parc, se font battre dans les taillis fourrés, traversent la plaine qui s'étend entre le château et la porte de Mer, prennent l'eau dans les deux étangs ou dans le Cosson.

Le 31 mars 1855, la réunion était encore plus brillante que de coutume ; c'était la première fois que les veneurs du Blaisois voyaient à Chambord MM. de Puységur réunir leur meute à une meute étrangère.

Le bon général aimait les grandes assemblées de chasseurs et de chiens ; l'entrain des uns et des autres réjouissait ses vieilles années, et lui rappelait nos gais rendez-vous de Vendée.

Un des gardes nous donna ce jour-là une brisée parfaite. La voie était saignante et le pied superbe. MM. de Puységur jugèrent en habiles connaisseurs que le vieux dix cors avait déjà perdu ses bois. Ils firent observer au général qu'un animal sans bois aurait l'air d'une biche. « Tant mieux, dit le général qui n'aimait pas toujours les observations ; vous aurez, Messieurs, plus de mérite, et d'ailleurs le duc de

Bourbon prenait souvent à cette époque des cerfs sans bois; nous ne sommes pas plus grands seigneurs que lui! »

Personne n'avait rien à répliquer, et nous partîmes avec cinquante chiens pour aller frapper à la brisée. Attaqué près de la porte de Boulogne, le cerf traverse la grande route de Bracieux, se fait battre longtemps autour des étangs, longe les murs du parc pendant plus de trois lieues, et, après deux heures et demie d'une chasse difficile, à cause de la grande quantité d'animaux et des nombreux retours, vient faire son hallali dans l'Étang-Neuf.

Pas un chien ne s'était écarté de la voie; pas un chien n'était parti sur un change; les invités félicitèrent le soir le général de la bonne idée qu'il avait eue de réunir deux bons équipages et d'avoir ainsi doublé leur plaisir.

Après un bat-l'eau de vingt minutes, les chiens noyèrent le pauvre animal au beau milieu de l'étang, et, chose assez extraordinaire, le cerf coula immédiatement au fond de l'eau.

Jugez de la déconvenue de tous les chasseurs! Comment faire pour le ramener à la surface d'un étang aussi grand et aussi profond?

Tous les veneurs de la Vendée, de l'Anjou et de la Touraine ont connu le bateau du général. Monté sur quatre roues et sur des X en bois reliés entre eux par des courroies sur lesquelles il reposait plus ou moins mollement, ce bateau lui servait de voiture.

C'était, il est vrai, peu commode, mais le rude gentilhomme n'avait aucun souci de ses aises. Il ne considérait dans cet arrangement que le côté pratique, les cerfs se faisant prendre souvent dans un étang dépourvu de bateau; aussi n'avait-il pas hésité à réaliser son idée.

Le bateau-voiture était toujours attelé quand on chassait le cerf; le cocher avait pour consigne de se tenir sans cesse autour des étangs, dès que la chasse aurait l'air de s'en rapprocher.

Nous n'eûmes pas de peine à héler le pilote; il était à son poste, à deux pas de l'Étang-Neuf, croisant avec son *yacht*.

Dans un clin d'œil les courroies furent débouclées, le bateau glissa facilement sur ses X, et son lancement fut des plus heureux. Armés d'un croc puissant et des avirons fixés à tribord et à babord, nous appareillâmes, mon frère et moi. Nous avions parfaitement remarqué l'endroit où le cerf avait coulé bas. Mais l'Étang-Neuf est vaste, profond, et nous eûmes mille peines à trouver notre animal. Enfin, après une demi-heure de sondages répétés, nous finîmes par harponner ce requin d'un nouveau genre. Nous l'attachâmes solidement à l'arrière de notre chaloupe, et nous le remorquâmes triomphalement jusqu'à terre.

Le soir de ce beau jour, le temps était clair; la lune brillait de tout son éclat, dessinant la silhouette blanche du château féodal sur l'azur foncé du zénith.

Les piqueurs avaient préparé sur l'esplanade du château plusieurs monceaux de fascines sèches autour du cerf, et tout disposé pour la curée aux flambeaux.

A l'heure convenue, les piqueurs, suivis de leurs chiens, entourent le cerf, sonnent de joyeuses fanfares, pendant que le général, accompagné des veneurs, allume les feux de joie. La nappe est aussitôt enlevée. Hallali! hallali! Les chiens se précipitent à la curée, et se disputent les débris sanglants du noble animal.

C'est toujours un beau spectacle qu'une curée aux flam-

beaux. Je dirai peu de chose de celle-ci : en général toutes se
ressemblent; mais à Chambord elles revêtent un caractère
de grandeur incomparable. Ce site sévère, la splendeur
architecturale du château, l'absence surtout de l'illustre seigneur de ce beau domaine, tout vous parle à l'imagination
et au cœur, et tout vous émeut. Ce sont de ces souvenirs qui
ne s'effacent jamais.

Chaque soir, après la chasse, l'hôtel Bibard réunissait tous
les veneurs dans un excellent banquet où la bonne humeur,
la gaieté et la plus franche cordialité étaient de rigueur.

Inutile de dire que la santé du Châtelain absent était de
bon ton et toujours la première portée. Que de fois nos bras
se sont-ils étendus, nos verres se sont-ils choqués, alors que
nous répétions tous en chœur le refrain de cette ballade des
cavaliers, si entraînante et si chevaleresque :

> Pas un verre qui reste vide
> Et pas un cœur qui reste froid!
> Cavalier, buveur intrépide,
> Debout! A la santé du Roi!

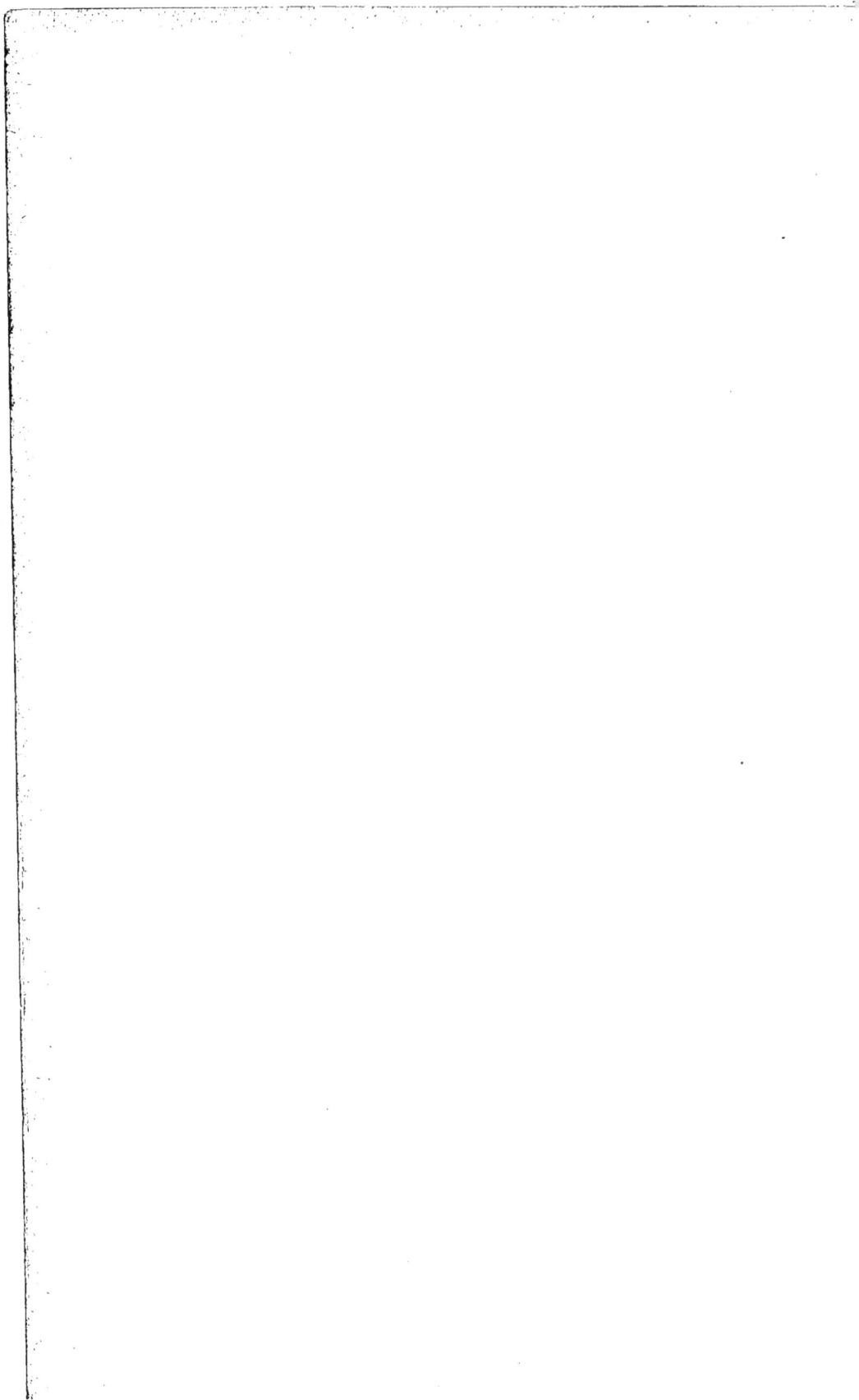

TABLE DES MATIÈRES

LIVRE PREMIER.

LIVRE DEUXIÈME.

LIVRE TROISIÈME.

LIVRE QUATRIÈME.

LIVRE CINQUIÈME.

LIVRE SIXIÈME.

LIVRE SEPTIÈME.

SOUVENIRS DE VÉNERIE.

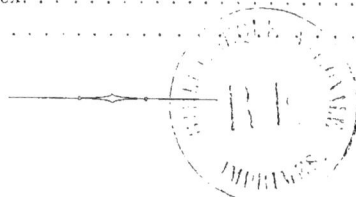

Typographie Firmin-Didot et Cⁱᵉ. — Mesnil (Eure).

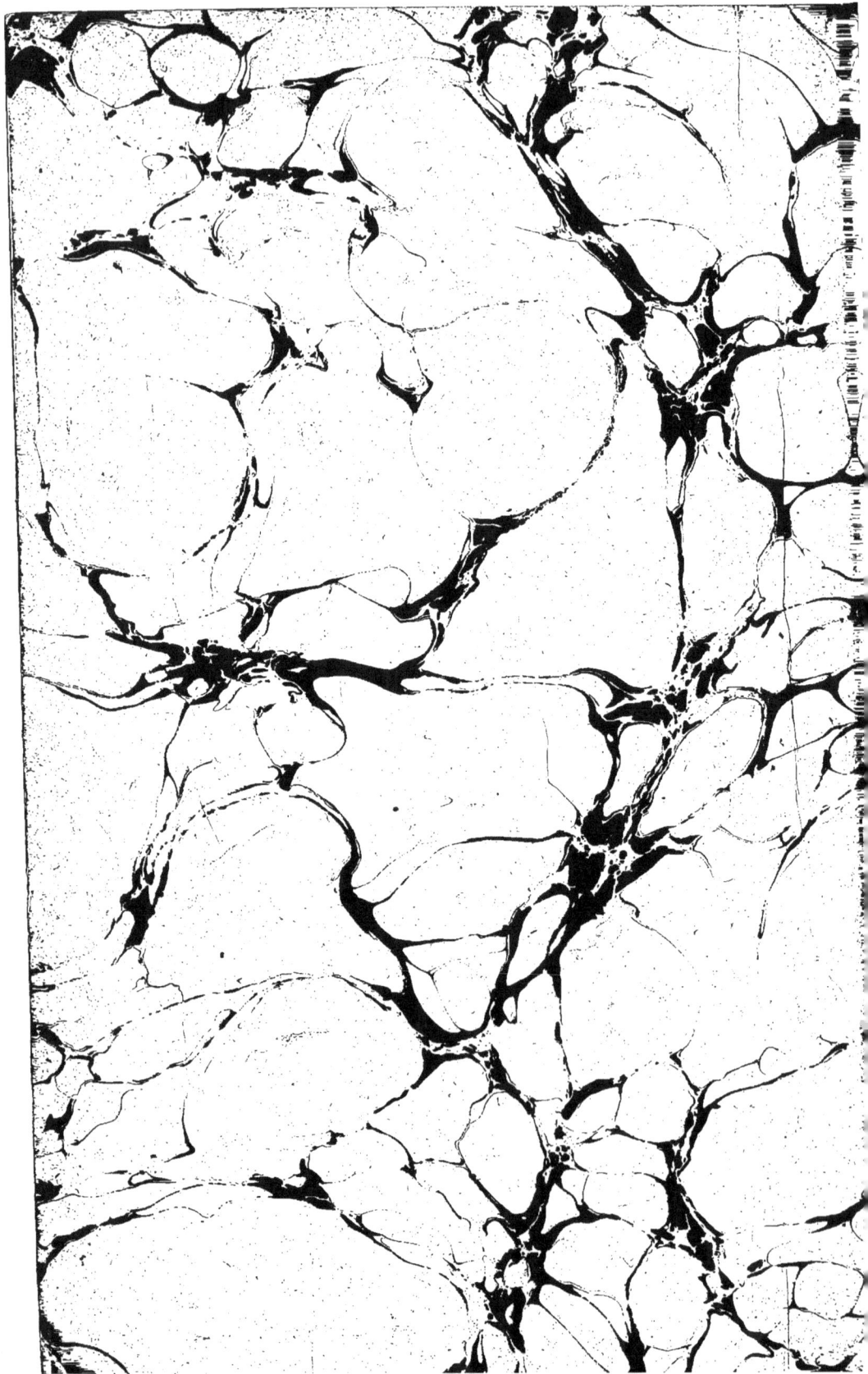